▲图3-1 Photoshop工作界面图

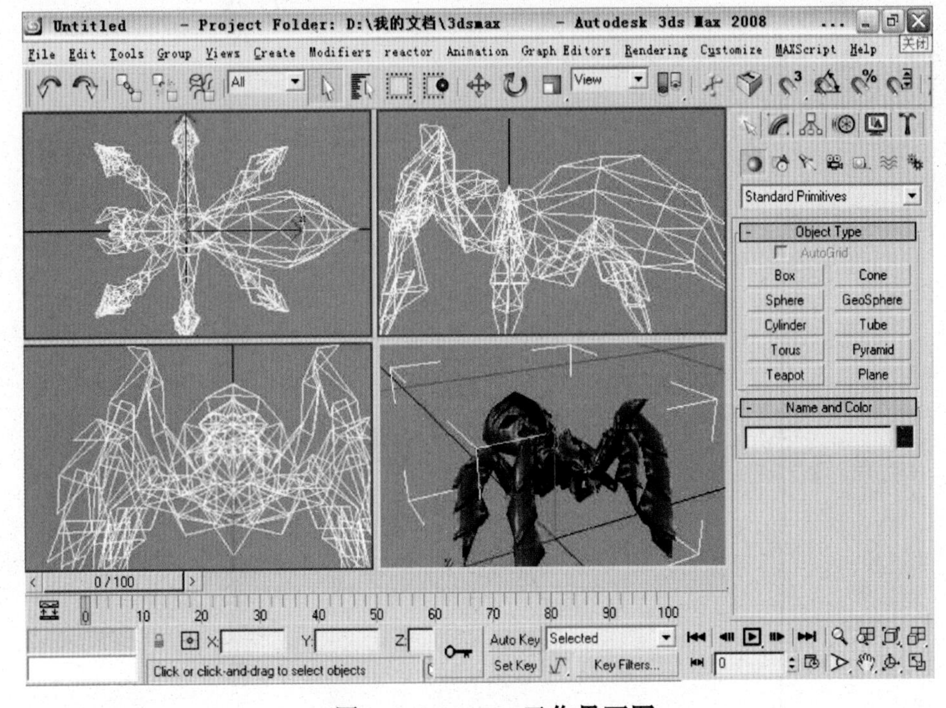

▲图3-2 3ds max 工作界面图

▶ 图3-11 《街头滑板》游戏界面设计图

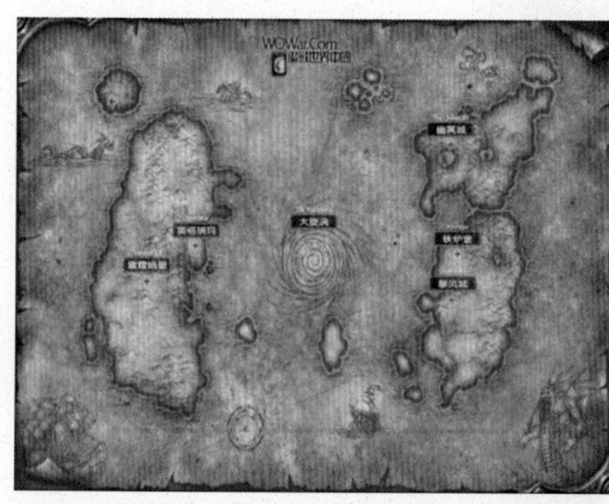

◀ 图3-12 《魔兽世界》片头中交待的时空关系

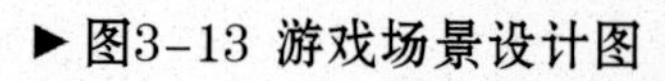
▶ 图3-13 游戏场景设计图

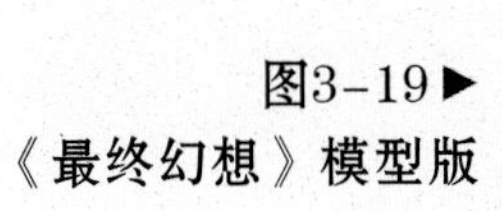
图3-19►
《最终幻想》模型版

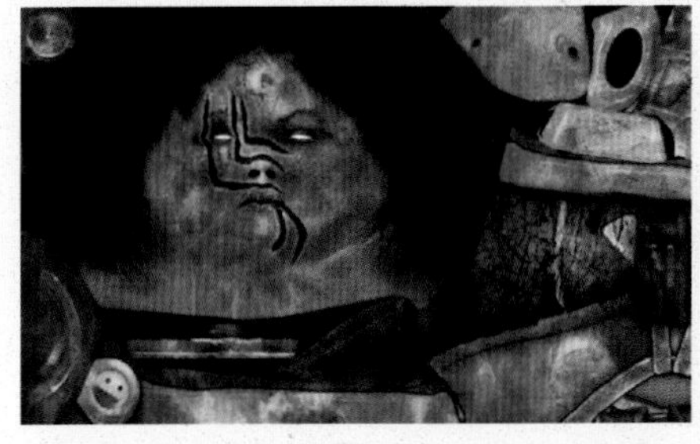

▲图3-26 游戏角色毛发纹理高光贴图

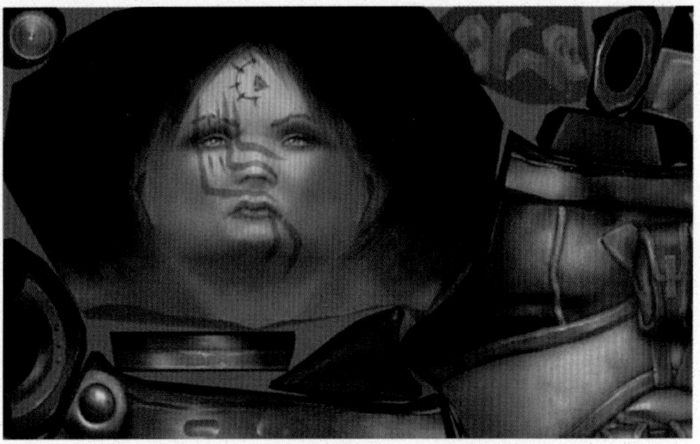

▲图3-25 游戏角色毛发纹理颜色贴图

▲图3-27 游戏角色毛发纹理法线贴图

◄图3-28 游戏场景中早晨或者午后的灯光图

►图3-29 游戏场景中黄昏场景的灯光图

◄图3-30 游戏场景中夜晚场景的灯光图

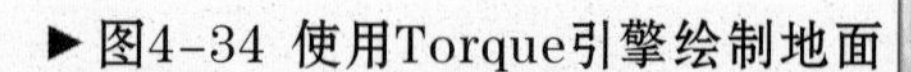

►图4-34 使用Torque引擎绘制地面

◄图4-38
使用Torque引擎创建场景的最终效果

游戏开发系列丛书

游戏开发导论

聂　明　主编

西安电子科技大学出版社

2009

内 容 简 介

本书是《游戏开发系列丛书》中的一本，主要介绍游戏设计与开发的基础知识。本书从游戏概念、设计理念、艺术创作、技术实现、开发管理、市场推广、运营维护等多个角度，通过浅显易懂的语言，对游戏开发的整个过程进行了全面而深入的论述，引领读者以一种全新的视角认识游戏世界。全书共分为六个部分，包括：游戏概述、游戏策划、游戏艺术设计、游戏程序实现、游戏运营与开发管理以及现代游戏的发展趋势。

本书叙述简明、内容丰富，能使读者轻松快速地了解和进入游戏开发行业；各章还配有精心设计的习题以巩固每章的学习。

本书既可以作为大中专院校游戏专业的授课教材，又可以作为广大游戏爱好者和专业人士的参考用书。

图书在版编目(CIP)数据

游戏开发导论／聂明主编. —西安：西安电子科技大学出版社，2009.4

(游戏开发系列丛书)

ISBN 978-7-5606-2203-3

Ⅰ. 游… Ⅱ. 聂… Ⅲ. 游戏—软件开发—研究 Ⅳ. TP311.5

中国版本图书馆 CIP 数据核字(2009)第 016784 号

策　　划　臧延新

责任编辑　杨　璠　臧延新

出版发行　西安电子科技大学出版社(西安市太白南路 2 号)

电　　话　(029)88242885　88201467　　邮　　编　710071

网　　址　www.xduph.com　　电子邮箱　xdupfxb001@163.com

经　　销　新华书店

印刷单位　陕西华沐印刷科技有限责任公司

版　　次　2009 年 4 月第 1 版　2009 年 4 月第 1 次印刷

开　　本　787 毫米×1092 毫米　1/16　印　张　13.25　彩插 2

字　　数　307 千字

印　　数　1～4000 册

定　　价　20.00 元

ISBN 978-7-5606-2203-3/TP・1124

XDUP 2495001-1

如有印装问题可调换

前　言

在人类艺术发展史里，人们把电影和电视称为继文学、戏剧、绘画、音乐、舞蹈、建筑之后的第七和第八艺术。现今，游戏正在脱下它“不务正业”的外套，跻进艺术的殿堂，被誉为人类的“第九艺术”。目前游戏已成为时下深受欢迎的一种休闲、娱乐和益智活动，影响着人们的生活和娱乐方式。事实上，游戏的发展速度非常快，已成为一种庞大的产业，深深扎根于国民经济之中。

游戏开发是一门迅速发展的新兴学科，新的技术、方法和工具不断涌现。《游戏开发系列丛书》将为您展示游戏开发领域的方方面面。本书作为系列丛书的第一本，展现了游戏开发的全过程，带领读者从全新的角度来认识这个领域。

◆ **内容结构**

本书分为6章，各章内容如下：

第 1 章：游戏概述。通过典型游戏的体验使读者对游戏形成初步的认识，并从众多游戏实例入手，对游戏概念进行了深入浅出的介绍。

第 2 章：游戏策划与描述。着眼于游戏的总体框架和脉络，畅谈游戏剧本的创作、场景描述、角色表现等游戏设计理念。

第 3 章：游戏艺术设计。主要讲述了游戏开发过程中音乐和美术效果的恰当运用。对相关素材的搜集、制作工具的使用和制作技法的选择也做了基本的介绍。

第 4 章：游戏程序实现。主要介绍了游戏的基本编程技术、高级编程技术以及游戏引擎的应用和开发，并提供了多个样板程序供读者学习和研究。

第 5 章：游戏营销、运维与项目开发管理。主要论述了游戏开发项目管理的模式和特点，游戏后期的宣传和营销策略，运营、维护应注意的事项等。

第 6 章：现代游戏的发展趋势。分析和探讨了国内外游戏业的发展现状，讨论了一些具有前瞻性的理论和技术，可以拓宽读者思路。

◆ **本书特色**

本书系统、全面地研究和借鉴了国内外相关教材先进的教学方法，结合游戏开发领域先进的研究技术和成果编写，具有实用性和可操作性，与时俱进，与当前游戏市场结合紧密。本书力求文字精炼、图表丰富、脉络清晰、版式明快，使读者能轻松而快速地进入游戏开发行业。为了巩固对每章的学习，各章最后都附有精心设计的练习题。

◆ **读者定位**

本书在结构和内容的编排上注重深入浅出、循序渐进。可作为各大、中专院校游戏专业的教材，也可作为广大游戏爱好者和专业人士的提高读物或参考资料。

在本书的编写过程中，参考了大量的相关文献，并引用了其中的一些实例和内容，在此对这些文献的作者表示诚挚的谢意。

本书由南京信息职业技术学院聂明博士主编。参与编写的还有李红岩、王晖、马秀芳、张乐、邵向前、罗恒、徐俊、张玉芹、吴澄和史海峰等。

由于编者水平有限，加上时间仓促，书中疏漏和不足之处在所难免，恳请广大读者不吝赐教。

编　者

2008年11月于南京

目　　录

第 1 章　游 戏 概 述

电子游戏(Electronic Game)是一种在电脑、手机或其它专用电子设备上运行的，具有目标和规则的娱乐形式，本书中将之简称为游戏。游戏有规则和规范，有打动参与者(也称玩家)的感染力，试图将其带离现实世界，使其沉浸在一种全新的、不同寻常的、更为激烈的虚拟世界中。过去很多人认为游戏是幼稚的、低级的，甚至有人将之视为“洪水猛兽”，但是，随着时代的发展，人们对游戏的看法也在逐渐改变。游戏不仅能够缓解人们工作、学习、生活的压力，有助于培养人的观察力、判断力、反应力和思考力，还能够增长知识和技能。因此，目前游戏已成为时下深受欢迎的一种休闲、娱乐和益智活动，影响着人们的生活和娱乐方式。事实上，游戏的发展速度非常快，已成为一种庞大的产业，深深扎根于国民经济之中。

1.1　典型游戏体验

游戏的发展经历了不少阶段，从最初的益智小游戏，到后来的动作、射击游戏，再到现在成熟的角色扮演游戏、策略类游戏和冒险类游戏，每一次变化都使游戏更加成熟，同时也能为更多的人所接受。游戏在成长过程中不断地吸收计算机发展的最新成果，同时也吸收了其它一些艺术形式的精华，因而变得更加丰富多彩。下面通过几款经典游戏的介绍，来带领大家领略一下游戏的魅力。

1.1.1　单机版竞技游戏

由 EA 公司推出的全球最畅销的篮球游戏之一——《美国篮球职业联赛》(NBA Live)系列，以美国最受欢迎的体育项目篮球为题材所制作，可以称得上是一款非常有特色的游戏。该系列目前已经更新到 08 版，我们以其十周年纪念版——NBA Live 06 这一比较成功的版本为例来体验一下单机版竞技游戏的魅力。

NBA Live 06 除收录了 2006 年最新的球季、球队、球员资料外，还有非常丰富的历史战役模式。游戏精选了从 1979 年到 2004 年的 NBA 经典比赛，让玩家能通过游戏方式回顾这些经典赛事。NBA Live 06 在画面表现上相当出色，如图 1-1 所示。全新的图形引擎使用 DirectX 9.0c 技术，动作捕捉技术把人物的动作、表情显示得更细腻。球员无论是长相、打球动作、打球风格还是举止都有如现实生活中的球员本人一般，在细腻度和真实度上也都无懈可击。本游戏中经过改良的第二快攻，以及碰撞和灌篮等躯体冲撞场面，让玩家能在画面中找到真正的赛场感觉。

自由风格控制系统、写实的五对五球赛、崭新的球员外观、当红球评的现身以及多样化的游戏模式，NBA Live 06 带你进入一个崭新的篮球世界，让你体验篮球的魅力。

图 1-1　NBA Live 06 游戏截图

1.1.2　单机版射击游戏

单机版射击游戏中最有代表性的应当是《反恐精英》CS (Counter Strike)(见图 1-2)。CS 是由 Valve Software 公司的射击游戏《半条命》(Half Life)升级而来，是一款非常经典的射击类游戏。它将《半条命》中的多人游戏修改为 CS 中的反恐警察(CT)和恐怖分子(T)这两个角色单元，模拟现实生活中的警匪交战场面，效果非常逼真，游戏过程相当刺激。游戏中，玩家要选择扮演其中的一种角色，选择不同的角色，将会有不同的任务和目标。游戏分为四种模式：营救人质、布雷解雷、保护重要人物和暗杀。为了加强游戏的可玩性，CS 包含了多个不同的场景，可供任意选择，这样针对各种各样复杂的场景就可以灵活应用不同的战术及战略来完成任务。另外，游戏采取的是回合制，当玩家被击毙后，玩家本局的游戏就算结束，此时只能以一个旁观者的身份观看他人继续战斗，直到一方获胜才能重新参与游戏。在劳累的工作与学习之余，抽空加入到这一逼真、刺激的游戏之中，可以释放情绪，减轻压力，最终达到休息娱乐和放松的目的，因而深受广大玩家的喜爱。

图 1-2 Counter Strike 游戏截图

1.1.3 单机版赛车游戏

在 PC 平台上，没有任何一款赛车游戏能像《极品飞车》(Need For Speed)一样自由地游走在车迷和高手之间，也没有任何一款赛车游戏像这个系列一样横跨整整 12 年共 11 代游戏，却一直在玩家心目中占据着极重的分量。赛车类游戏 Need For Speed 系列(见图 1-3)从第 1 代开始，就致力于追求真实的速度，第 5 代《极品飞车：保时捷之旅》实现了直到今日仍处于游戏界顶尖水平的车身姿态系统，成为一代玩家心目中的经典之作。Need For Speed 发展到今日已达到第 11 代《极品飞车 11：街道争霸》，本节以《极品飞车 9》为例，简要介绍一下该游戏。

《极品飞车 9：最高通缉》(Need for Speed Most Wanted)由 EA Canada 公司制作，是一部非常有娱乐性的作品。

游戏发生在一个虚构的东海岸港口工业城市，周围环绕着数层群山，也带来了更多类型的赛道和更具挑战性的转弯。游戏中添加了数种新的游戏模式，包括车手生涯模式、收费站模式(Toll booth races)、超速区照片模式(Speed trap photoes)、最佳路径模式(Outrun best route)和最小费用模式(Cost to state)等。游戏提供了 30 多款热门车，玩家还可以对自己的爱车进行改装，除了种类繁多的外观改装外，还包括对引擎、轮胎、刹车等 7 种内部装置的改装，让玩家自由发挥，以对付任何款式的车辆对手。游戏同时也提供了连线对战的功能，可让玩家与全球的玩家比赛。本游戏中的人工智能也有巨大改进。游戏里采用了开放式赛道，警车不再是待在某赛道或某角落等待玩家的到来，而是有一个警车调度系统，所有警车都会根据这个系统行动。它规定了所有警车的巡逻路线和时间，在追击中会进行有组织的追捕、包抄、设置路障，甚至会采取大范围包围战术。游戏全面支持 DirectX 9.0c，尤其是支持了 SM3.0 和 HDR(SM3.0 和 HDR 都是图像渲染特效技术)。在像素渲染的支持下，画面效果出众，车身反射、树木倒影、环境光照、动态模糊都表现得淋漓尽致，就连天气也会随机发生变化。

图 1-3　Need For Speed 游戏截图

该游戏还有一个技术亮点，就是成功地将真人视频与 3D 背景结合在一起，让 3D 环境中出现的游戏人物呈现前所未有的视觉效果。

1.1.4　网络游戏

互联网的发展给人类社会生活带来了革命性的影响。随着网络的普及，网络游戏得到了迅猛的发展，已成为许多人消遣娱乐的主要途径。目前这类游戏很多，比较典型的有《魔兽世界》(World of WarCraft)、《梦幻西游》、《机战》、《星战前夜》(EVE Online)、《跑跑卡丁车》等。本节以暴雪公司的《魔兽世界》为例，引领大家领略一下网络游戏的风采。

《魔兽世界》是一款基于著名的《魔兽争霸》系列游戏基础上的一个大型多人在线角色扮演游戏 MMORPG(Massively Multiplayer Online Roleplaying Game)，如图 1-4 所示。这款游戏的背景取材自经典魔幻小说，其完善的异世界观、庞大的结构和丰富的内涵让人叹为观止。玩家把自己当作魔兽世界中的一员，并与其他在线的玩家一起去探索神奇的艾泽拉斯大陆，在这个广阔的世界里探索、冒险、完成任务，力求成为魔兽世界中的英雄。无论是旅行游历还是完成既定任务，玩家都会参与到激烈的战斗中去，与同阵营玩家结成同盟来对抗敌对阵营的侵袭。游戏为不同的角色定制了上千种武器与各具特色的魔法和技能，让玩家有机会体验到完全不同角度的《魔兽世界》。世界顶级艺术大师们的精益求精更让整个游戏中的影音效果几乎发挥到了极限，甚至游戏内的每一棵树都是由暴雪公司的美工手绘，绝不相同，给玩家全方位的震撼！因此，无论是对网游高手还是新进玩家来说，《魔兽世界》都具有同样巨大的吸引力。

图 1-4　《魔兽世界》游戏截图

1.1.5　专门游戏机游戏

日本 SNK 公司制作的《拳皇 97》(The King of Fighters 97)是一款经典的街机游戏，如图 1-5 所示，至今仍有不少狂热的玩家乐此不疲。游戏中玩家的任务是击倒所有对手，成为无敌的格斗之王。作为格斗游戏中的精品，不管是在街机、家用机还是模拟器上，都有无数忠实的支持者。《拳皇 97》推出时，游戏系统已经很成熟，无论是画面的华丽性，操作的简单化，还是人物招式的丰富性，都比《拳皇 95》和《拳皇 96》有了很大进步。其美轮美奂的画面，流畅的对战场景，丰富多彩的攻击方式，梦幻般的必杀技，令众多玩家爱不释手。

图 1-5　《拳皇 97》游戏截图

1.1.6　手机终端游戏

手机终端游戏摆脱了线缆的束缚，具有随时、随地、随身的特点，非常适合人们在移动中休闲和娱乐。从最初的文字类游戏、嵌入式游戏，发展到可下载的各类终端游戏。手机终端游戏的种类很多，其中不乏优秀的作品，比如早期的《贪吃蛇》、《俄罗斯方块》、《五子棋》以及现在的《疯狂赛车》(Cruize Control)(见图 1-6)、《模拟飞行》(Air Traffic Control)、《打砖块》(Brick Ranger)、《恶魔格斗》等。随着技术的改进，用大屏幕的彩屏手机玩游戏，已经是时尚人士的共同爱好之一。

图 1-6　《疯狂赛车》游戏截图

1.1.7　手机网络游戏

近年来，由于手机上网速度的加快以及资费的下调，手机网络游戏正在逐步兴起。手机网络游戏与 PC 网络游戏一样，可以实现更多玩家的多方参与，实现玩家在线游戏。凭借无可比拟的互动性、超强的用户体验、有效的防盗版能力和强大的商业模型优势，手机网络游戏正在成为行业发展的新热点。

手机网络游戏中比较有影响的有《三界传说》、《战国》、《神役》等。根据《情颠大圣》改编的手机网络游戏《大话嘻游》是美通无线继《三界传说》后推出的又一款在线游戏，如图 1-7 所示。游戏有着优秀的画面和不错的手感，更有着针对手机平台开发的比较完善的游戏系统。

《大话嘻游》是真正意义上的中国第一款手机网络游戏。它支持目前市面上不同品牌的 100 余种型号的手机。只要拥有一部支持《大话嘻游》的手机，就可以在任何时候，任何地点享受到《大话嘻游》所带来的无限乐趣。无论是在喧闹的街道，还是寂静的咖啡馆，只要轻点手机按键，就可以马上进入那个充满幻想的神秘世界，抛开所有的不快与烦恼，尽情享受。在游戏资费方面，《大话嘻游》采用包月的收费模式，一个月只需要付出 12 元，就可以无限制地畅游在《大话嘻游》的世界中。

图 1-7 《大话嘻游》游戏截图

1.2 游戏的作用

游戏吸引玩家的不仅仅是其带来的休闲、娱乐和益智作用。作为时下深受欢迎的一种活动，游戏还能给玩家带来沟通的畅快与自由。玩家在这一个共同的国度里面，可以随心所欲地做自己喜欢做的事情，不会被别人所打扰，不受世俗的约束。作为一种休闲、娱乐和益智活动，游戏在很大程度上能够缓解工作、学习、生活所带来的压力。

1.2.1 娱乐作用

游戏为玩家提供了一种休闲消遣的方式，是放松身心的最佳选择。游戏除了具有震撼的视听效果外，还能为玩家带来日常生活中不曾有过的体验。玩家在游戏中可以操纵主角，成为故事里的一员，切身感受人世间的爱恨情仇，正义与邪恶。在这个奇妙的世界中，玩家可能是一位总统，也可能是一个处于包围圈中的英雄，还可能是一位叱咤风云的商业大亨；玩家可以体验矛盾的对抗，实现内心深处的欲望，甚至可以摧毁整个世界而不用担心受良知的谴责。在游戏中，玩家可以从全新的角度来看待自己和所在的世界。

1.2.2 益智作用

游戏对促进玩家的观察力、想象力、创造力、协调力和思维力有积极作用。由于游戏的情节、行为方式都没有固定模式，玩游戏时需要手、眼、脑并用，对增强协调力、想象力、创造力及应变能力有很大益处，有利于培养敏锐的思维、迅速的判断力和良好的协调能力。游戏给玩家创设了许多性质不同的情境，带来了各种不同的问题，玩家为了将游戏进行下去，必须使思维活跃起来，从而使智力得到了发展。因此，随着技术的进步，游戏正由单纯的娱乐功能逐渐发展成为一门文化底蕴较为丰富的新兴艺术。

1.2.3 学习作用

游戏可以使人思维活跃、精神放松、善于发现和解决问题。相对于教学的"有心栽花"，游戏就像是"无心插柳"，电脑游戏逼真的三维动画效果，强大的实时互动功能和特有的寓教于乐的功效，能使玩家在偶然和随意中学习教学目标里规定的内容。此外，丰富多彩的游戏，为玩家获得美感创造了条件，使玩家受到美的熏陶。角色扮演游戏可以使玩家对生活中的美好事物、文艺作品中的美好艺术形象和优美的艺术语言产生兴趣。不仅如此，玩家还可以通过游戏中角色的扮演来学习如何更好地表达情感，从游戏中吸取经验教训，将其应用于生活的其他方面。

1.2.4 交流作用

在多人游戏中，玩家之间可以团结协作、交流思想、增进情感。多人游戏需要协调配合，不计较个人功过，从中可以学会如何与他人相处，如何与别人合作，学会自我克制，学会听取别人的建议，有利于培养开朗乐观的性格和善于协作的精神。

1.2.5 锻炼作用

游戏集声、光、境、物于一体，模拟场景逼真，实战氛围浓烈，将其用于训练有着天然的优势。越来越多的国家开始将游戏应用于部队的日常训练，并一致认为这将带来军事训练上的一次革新。运用游戏进行军事训练，是一种可以最大限度贴近实战的训练方式，受训人员可以随时"进入"高山、丛林、沙漠、城市等地域展开"对敌作战"，实现战术与技术、技能与智能的结合。这种方式成本低，而且可以做到零伤亡，有了它，那些第一次上战场的士兵才有胆量与敌军一拼；在生死关头，也能凭借从虚拟游戏中得来的战场经验化险为夷。在美俄两国的军队中，如今大型军用电脑游戏已经成了不可或缺的训练手段。

游戏还可以应用于对航空、运动员及操作管理人员的训练，达到节约成本、提高效率、提高安全水平和管理水平的效果。人们由于各种各样的原因，心理承受能力不强或欠缺，这对学习和生活造成潜在的威胁。游戏以其丰富有趣的活动形式，在竞争中频繁出现胜负结果，使每一个参与者都能感到有获胜的可能，从而达到提高自信心、鼓舞士气和提高心理素质水平的目的。

1.2.6 游戏的负面影响

游戏是一种深受大众喜爱的休闲、娱乐活动，能够帮助人们释放生活、学习、工作的紧张压力，获得玩的享受和快乐。然而，过度沉迷于游戏也会带来一些负面影响。

1. 分散青少年的学习精力，转移学生的学习兴趣

有趣的游戏内容，精彩的游戏画面极大地刺激了学生的感官，很容易使其上瘾。青少年本身自制能力较差，容易玩物丧志，导致学习热情下降，上课不专心听讲，作业不及时完成，学习成绩每况愈下。

2. 有损身心健康

电脑屏幕具有一定的电磁辐射，现代医学研究表明：长时间接触电脑，会引起神经衰弱、视力下降等不利于身心的疾病。长时间心情紧张地坐在电脑前，不良的坐姿也可能引起脊椎畸形。

3. 产生人格缺陷

我国目前的网络游戏发展还不成熟，各种立法、执法方面的监管措施都还不到位。现有的很多游戏本身内容不健康，网络游戏中遍布血腥、怪诞和淫秽因素，而青少年模仿性强但自我控制能力弱，是非辨别能力不足，控制行为能力差，容易受不良文化影响。通过对调查结果的分析，沉湎于网络暴力游戏中的青少年，普遍存在着性格孤僻、态度冷漠和非人性化的倾向。

总而言之，游戏是一把“双刃剑”。游戏产业属于战略性文化产业，是文化、艺术和高技术的结合体，具有重大的经济和文化价值。人类社会在利用游戏产业谋利益的同时，更要对它所带来的消极影响予以防御和消除。

1.3　现代游戏的分类

只有拥有丰富的游戏基础知识，才能更好地感受游戏。本节旨在从不同的角度对游戏进行分类(如图 1-8 所示)，以使大家更清楚地了解缤纷的游戏世界。

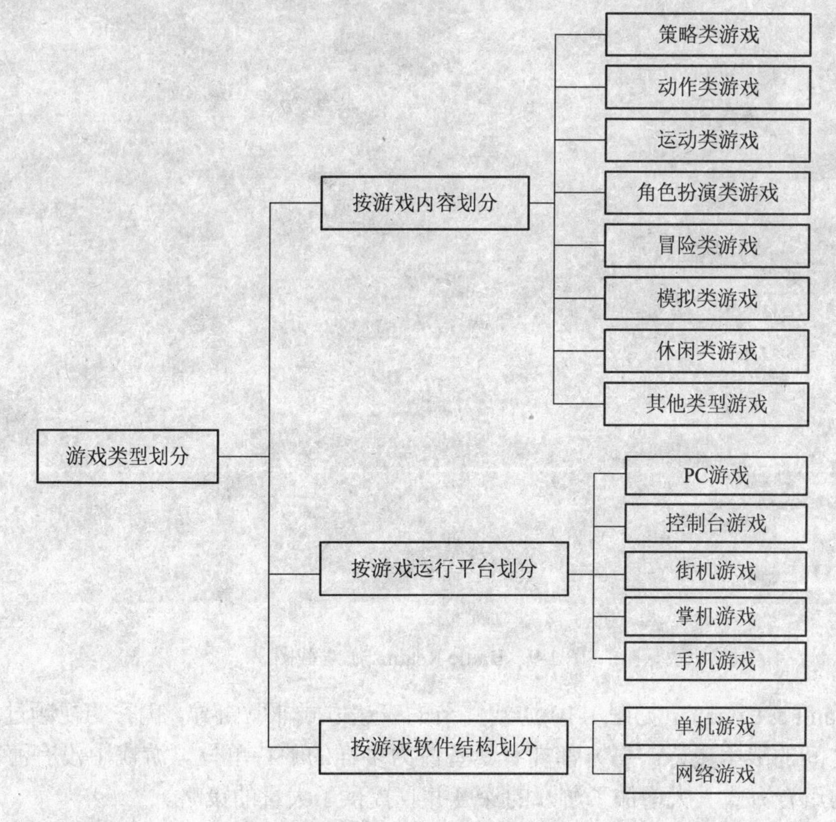

图 1-8　游戏分类图

1.3.1　按游戏内容分类

1. 策略类游戏

策略类游戏 SLG(Strategy Game，也有人称之为 Simulation Game)是由棋牌类游戏逐渐发展变化而成的，指的是玩家运用策略与电脑或其他玩家较量，从而取得各种形式的胜利的游戏。这类游戏着重强调逻辑思考和计划，由设计者来创建规则和目标，而由玩家来决定如何运用策略和智慧取胜。策略类游戏又可分为即时制和回合制两种。在即时制 RTS(Real Time Strategy)中，所有的角色，包括玩家控制和计算机控制的角色都在同时地不间断地进行竞争。在回合制 TBS(Turn Based Strategy)中，参加战斗的几方，包括计算机在内，依照一定顺序分别部署战略，一次部署便称为一个回合。比较典型的 SLG 有《魔域帝国》(Battle Realms)、《命令与征服》(Command & Conquer)、《魔兽争霸》(WarCraft)等。

Battle Realms(见图 1-9)是一款带有亚洲风味的实时战略游戏，它最特别的就是把日本风格的战斗态势和策略融入游戏之中，玩家会在这款游戏中亲身体会细致的人物和背景图像，而特殊的东方法术系统也是在此类型的游戏中鲜有出现的。

图 1-9　Battle Realms 游戏截图

Command & Conquer(见图 1-10)游戏情节的表达方式非常奇异，优秀的视频过场片断叙述了善恶之间的战争史诗。每方都拥有具备能力多样的独特单位。游戏中没有海军单位，但是军队的组合方式大大增加了游戏的深度并且提供了大量的策略。

图 1-10 Command & Conquer 游戏截图

2. 动作类游戏

动作类游戏 ACT(Action Game)主要依赖于玩家在压力下的手眼协调能力和反应时间，而不是剧情或策略。这一类游戏以实时的比赛为主题，注重游戏中的图形和声音效果，通常更多采用操纵杆或者游戏手柄来代替键盘的输入。当前动作类游戏的主流是第一人称射击游戏 FPS(First Person Shooting)，主要是通过聚集武器、弹药、防护盾、血值以及经验值来进行战斗的游戏。为了适应多人的参与，其发展的趋势就是多人在线第一人称射击游戏 MMFPS(Massively Multiplayer FPS)，届时互联网上数百万的玩家将聚集到一起共同参与游戏。比较典型的 ACT 有《德军司令部》(Castle Wolfenstein)、《毁灭战士》(DOOM)系列、《雷神之锤》(Quake)系列、《半条命》(Half Life)、《反恐精英》(Counter Strike)等。

DOOM(见图 1-11)是一款由美国 id Software 设计制作的多人在线的第一人称射击游戏，其中最著名的 DOOM2 在 1994 年 9 月 30 日开始发售。而相隔 10 年之后 DOOM3 才出现，掀起了一股换显卡风潮。DOOM 挑战世界最顶级的显卡的极限，其特效让人为之惊艳，赞叹不已。

图 1-11 DOOM 游戏截图

Counter Strike(见图 1-2)是 FPS 游戏中继 Quake 系列之后的新的领导者，原因在于它的团队竞技性所引领的世界电子竞技的发展，这种发展速度之快，发展趋势之猛，在世人眼中是一种真正的奇迹。

3. 运动类游戏

顾名思义，运动类游戏 SPT(Sports Game)以各式的运动项目为游戏主题，如基于现实中篮球、足球、棒球、网球等的各类游戏。运动类游戏主要是在电脑上模拟各类竞技体育运动的游戏，花样繁多，模拟度高，广受欢迎。比较典型的 SPT 有 FIFA 系列(见图 1-12)、NBA Live 系列、实况足球系列等。

图 1-12　FIFA 游戏截图

FIFA94 是 EA 在 PC 机上推出的第一款竞技足球游戏，其容量仅仅为几兆字节，但却为之后的 FIFA 辉煌之路奠定了良好的基础。韩国 NEOWIZ 和 EA 共同开发出网络游戏版 FIFA Online，游戏除了一般的比赛模式外，还强化了球队管理系统，可以直接管理自己的球队。并且导入了角色扮演类游戏的成长概念，使自己的球队和角色得到成长，与对手进行对战，能充分体验网络游戏的紧张感，成为 FIFA 系列的经典之作。

4. 角色扮演类游戏

角色扮演类游戏 RPG(Role Playing Game)中，由玩家扮演虚拟世界里的一个或者几个特定角色在特定场景下进行游戏。其基本构成要素，一是玩家角色可以随着经验值的增加而成长，二是具有一定的故事情节。在游戏中，角色根据不同的游戏情节和统计数据(例如力量、灵敏度、智力、魔法等)具有不同的能力，而这些属性会根据游戏规则在游戏情节中改变。这是当今最受广大青少年喜爱的一类游戏，其深邃的寓意，动人的情节，扮演角色时感同身受的体会都令人着迷。比较典型的 RPG 有《地牢围攻》(Dungeon Siege)、《无冬之夜》(Never-winter Nights)、《暗黑破坏神》(Diablo)、《仙剑奇侠传》等。

1995 年，《仙剑奇侠传》(见图 1-13)在国内登场，其感人至深的曲折情节、轻松愉快的游戏方式、纯中国文化的背景内涵，使得这款游戏一鸣惊人，成为中文RPG游戏的里程碑。《仙剑奇侠传》是一个崭新风格的角色扮演RPG游戏，故事的设定与背景以幻想的古中国神怪世界为蓝本。剧情围绕着真爱发展，不只是亲情、爱情，更包含对大地万物无私的大爱。在游戏中由玩家控制最多三名角色组成的队伍行进。游戏路线依故事发展采取单线进行模式，并设有某些支线情节，游戏从开始进行至破关，约需30～45小时。其凭借凄美的故事，感人的爱情和动听的音乐让无数玩家痴迷，在国内各种排行榜上久居不下。

图1-13 《仙剑奇侠传》游戏截图

5. 冒险类游戏

冒险类游戏AVG(Adventure Game)通常是玩家控制角色进行虚拟冒险的游戏，其故事情节往往是以完成某个任务或是解开某些谜题的形式出现的。冒险类游戏不是竞技类或者模拟类的游戏，它并没有提供战术策略上的与敌方对抗的操纵过程，取而代之的是由玩家控制角色而产生一个交互性的故事。冒险类游戏共同的特征是包含探险、收藏、解谜以及简化了的格斗和动作内容。尽管在某些冒险游戏中没有冲突存在，但并不可一概而论，只能说在冒险游戏中格斗不能作为主要的要素。冒险类游戏亦可细分为动作冒险游戏和解谜冒险游戏。比较典型的AVG有《生化危机》(Resident Evil)系列、《古墓丽影》(Tomb Raider)系列、《神秘岛》(Myst)系列等。

Tomb Raider系列(见图1-14)可以说是AVG的鼻祖之一，是Eidos旗下的著名游戏品牌。1996年Tomb Raider登陆PC，其在当时来说逼真的3D效果，精彩的机关解密，加上性感迷人的女主角劳拉·克劳馥(Lara Croft)，使其成为经典的动作冒险游戏。

自从Cyan公司于1993年推出Myst(见图1-15)之后，此系列作品便成就了游戏史上的一则传奇(全球为数不多的销量超过暗黑系列游戏的作品)。《神秘岛》是这样一款冒险游戏，它具有美轮美奂的画面，神秘诡谲的情节，繁复奇妙的谜题，不深入其中，便不会知道其中的魅力。

图 1-14　Tomb Raider 游戏截图

图 1-15　Myst 游戏截图

6. 模拟类游戏

模拟类游戏 SIM(Simulation Game)是根据真实世界的情形在电脑上做出模拟的游戏，这一类游戏的重点相当明确，就是用电脑来模拟各种在真实世界中所发生的情况，并且借此做出玩家在真实世界中难以做到的事情。模拟类游戏又可以分为对交通工具(如直升机、赛车、潜艇、太空船、摩托车等)的模拟和对管理经营的模拟(如模拟某个城市的市长、高尔夫球场的所有者、城市动物园的管理员、娱乐场所的经理等)。比较典型的 SIM 有《云斯顿赛车》(NASCAR Racing)、《极品飞车》(Need For Speed)系列、《飞行模拟》(Flight Simulator)、《模拟城市》(SimCity)系列、《模拟人生》(The Sims)系列等。

Need For Speed(见图 1-3)是 EA 公司和与美国汽车杂志《Road & Track》联合制作的。当时 EA 只不过是想制作一个比较爽快的赛车游戏，但没想到会发展得如此迅速，在给全世界玩家带来快乐的同时，也掀起了硬件发展和更新的高潮。

一个公司可以创造一个游戏系列，而一个游戏系列同样也可以打造一个公司。Maxis 公司是模拟经营类游戏的始祖，以 SimCity、SimPark、The Sims 等享誉业界，并缔造了一个模拟王国。SimCity 系列(见图 1-16)却是王中之王，在游戏中可以看到电力是城市的命脉，各个区域靠道路相连接，特有的产业系统环境影响着一切，各种生态环境互动联系……

图 1-16 SimCity 游戏截图

7. 休闲类游戏

休闲游戏(Casual Game)是一种适合所有年龄阶段和性别，能够较易学习掌握，且能够随时随地进行的游戏种类。休闲游戏通常并不包含有复杂的游戏操作，并且在游戏进行的过程中也并不需要太多物质方面的投入。概括来说，休闲游戏就是供没有时间去玩复杂游戏的人群所玩的规则简单的小游戏。在这类游戏中，玩家可以通过联网与其他玩家或者与计算机设定的人工智能进行比赛，以获得奖金、奖品或是其他的物品。这一类游戏包括各种棋牌类游戏和小游戏。比较典型的休闲类游戏有《国际象棋大师》(Chessmaster)、《泡泡堂》、《大富翁》系列等。

Chessmaster(见图 1-17)是育碧软件公司开发的一款国际象棋游戏，它不仅提供了一个与众多实力相当高的计算机选手对弈的机会，还提供了能帮助玩家提高游戏水平的工具，如错棋分析、测验、开局学习等。游戏还提供了新的在线功能，包含了大量的个人指导和象棋资料，还有介绍国际象棋规则和战略的指南。该游戏画面相当精彩，尤其是不同的角色和战斗动画，甚至能引起不少初学者不小的兴趣。程序中有大量各个水平的虚拟棋手可供对战，等级从十余分至超过 2700 分不等，同时各个棋手还有自己的特点，如偏向进攻、保守或善于快棋等。

图 1-17　Chessmaster 游戏截图

作为休闲游戏的王牌产品，《大富翁》系列(见图 1-18)早已家喻户晓。它以幽默的风格、丰富的系统、逗趣的游戏性以及受到许多玩家喜爱的游戏人物贯穿整套游戏，十多年来始终引领着华人同类游戏的潮流动向。

图 1-18　《大富翁》游戏截图

8. 其他类型的游戏

除了以上提及的各类游戏外，还有其他类型的游戏，比如益智类(Puzzles)游戏和玩具(Toys)类游戏等。益智类游戏一般有一个简单的目标，要求玩家来解决一个难题，比如在规定的时间内拼图、过关或是使一些散落的零乱物体按一定规则要求摆放等。玩具类游戏就是让玩家来创建一些物体，比如可以构建一个机器人让它来操纵飞机和汽车的驾驶。这些游戏也非常受玩家的欢迎，其中比较典型的有《宝石迷情》(Bejeweled)、《极速过山车》(Ultimate Ride)、《俄罗斯方块》(Tetris)、《太空频道》(Space Channel)等。

《俄罗斯方块》(见图 1-19)是一款风靡全球的游戏，它曾经造成的轰动与产生的经济价值令人难以想象。这款游戏最初是由苏联的游戏制作人 Alex Pajitnov 制作的，它看似简单但却变化无穷，令人上瘾。

图 1-19 《俄罗斯方块》游戏截图

1.3.2 按游戏运行平台分类

简单地说，游戏运行平台是游戏运行的硬件和软件环境。每个平台有其各自的优点和缺点，以及某些技术限制，如内存和处理速度等。

1. PC 游戏

PC 是最常见的游戏平台(见图 1-20)，几乎前述所有类型的游戏都可以由 PC 平台开发出来。PC 作为游戏平台已经有很多年了，它有着相对健壮的硬件规范，包含 3D 硬件加速、随机存储器(RAM)、硬盘空间和声卡等，这使玩家能够使用高端图形、动画和需要的处理速度来玩游戏。PC 平台还可以通过支持补丁和自动更新在产品发布后对游戏代码或者美工内容进行额外内容的添加，修补漏洞或者进行游戏设计不平衡的改进。尽管 PC 是灵活的和功能强大的，但是也有一些不可避免的缺点，比如兼容性，由于 PC 平台存在各种各样的硬件和软件配置以及不同的操作系统，所以对它们全部进行兼容性测试几乎是不可能的。PC平台为新游戏的开发提供了许多自由，也由此引发了激烈的市场竞争。

图 1-20　PC 平台

2. 控制台游戏

控制台游戏(Console Game)是在控制台上进行开发设计的一类游戏。(常见的家用游戏机在国外被称为 Console，在其上运行的游戏在国内也经常被称为电视游戏或视频游戏，而国外则经常称其为控制台游戏。)

从本质上来说，控制台实质上是特殊的计算机，类似于 PC，也包括了 CPU、内存、图形设备、声音设备和输入输出等设备，只不过由于其专一的游戏目的，主机内的设备集成度很高，不能像 PC 硬件那样随意插拔。控制台的显示设备一般由电视机担当，游戏内容存储在专用卡带或光盘上，控制杆或手柄成为了标准输入控制设备，音响设备依然是音箱或耳机。

由微软、索尼和任天堂生产的 Xbox、PlayStation 和 GameCube 是游戏业界最著名的几种游戏控制台，如图 1-21 所示。当使用控制台作为游戏开发平台时，由于其设计游戏有固定的规范，不必考虑多种硬件的兼容性，因此有益于关注如何在特定的硬件规范上达到最好的结果。在控制台上开发的游戏通常要比为 PC 开发的游戏销售量更大。

图 1-21　微软、索尼和任天堂出品的控制台

为控制台开发游戏的主要缺点就是控制板是唯一的输入设备，因此会受到输入控制的限制。一个失败的移植到控制台的例子就是为任天堂控制台移植的《星际争霸》(Starcraft)，因为在控制台上无法同时控制屏幕上数量巨大的军队。另一个缺点就是若要为控制台开发游戏，必须得到硬件制造商的批准，而且在游戏完成之后，也必须由硬件制造商来测试游戏。

PlayStation 和 Xbox 都因赛车游戏而闻名。如 Gran Turismo、Project Gotham racing 和 Need for Speed 都是很适合控制台的。

3. 街机游戏

现在所谓的“街机”最初是在公园以及游乐园中以射击和其他投币游戏的面目出现的。

这些游乐园中的项目很早就十分流行了，到了19世纪30年代，弹球台也加入到了这些游戏中，这些游乐园中的项目在30多年后演化为街机(见图1-22)。对于刚开始玩街机的人来说，街机对他们有着非凡的吸引力。街机比家用机性能更强，虽然很多人有了家用机，但还是想到街机上尝试一下。街机和家用机是同一爱好种类的不同分支，它们之间的转换也是十分自然的。街机最吸引人的地方之一在于其本身的设计。在设计一个游戏的时候，开发者有一个简单的目标：提供极少量金钱就能买到娱乐，然后结束游戏。不管人们在开始时是否知道，街机就是以这样的逻辑工作的，并且这也是它诱人的地方，这就迫使游戏设计者给游戏融入更多的乐趣。

图1-22 街机

20世纪90年代后期，随着家用机技术的进步，街机对于大多数玩家来说成了过时的玩意，这使得街机同其他的游戏隔离开了。随着对技术的要求越来越高，开发者不断为街机游戏加入新元素以吸引玩家，从而使得机型变得昂贵，增加了游戏的费用。在一段时间看来，仿佛街机业正在走向它最后的归宿。然而那些期望街机业崩溃的人最终失望了，创新是摆脱困境的最好出路。如同奇迹般的，1998年Konami首先在日本发布了跳舞机(日本是少数几个街机还保持活力的地方)，随后势不可挡地进入到美国。这让人们重新回到了街机厅。街机再次拥有了一些家用机上没有的东西，虽然这次不是由于图像，而是因为硬件。很快地，出现了大量模仿跳舞机的“动作交互”类的游戏。

现在街机厅里都是各类驾驶类、动作捕捉类、虚拟现实类游戏。街机类游戏越来越贴近普通的“游戏”。当家用机画面越来越华丽时，街机给人们带来的往往都是些平时家里不能玩的游戏。

4. 掌机游戏

掌机(掌上游戏机，见图1-23)游戏，是指使用专门的小型游戏机运行，可以随时随地使用的视频游戏。最早的掌机游戏可以追溯到任天堂的Game&Watch系列。

图1-23 掌上游戏机

掌机游戏一般具有流程短小、节奏明快的特点。由于其目的是供人们在较短的时间内(如等车、排队的过程中)娱乐，所以不会像一般视频游戏那样具有复杂的情节；同时，由于硬件条件的限制，一般掌机的画面和声音都不如同时期的家用游戏机。

在亚洲地区，特别是日本和中国，掌机游戏具有大量的用户群，并带动了大量相关软、硬件产业的发展。这是因为掌机游戏具有便于携带和随时娱乐的特点，同时近年来掌机游戏加入的收集、交换等要素进一步提升了这类游戏的魅力，例如著名的口袋妖怪游戏，已成为一种文化现象和符号，其每一新作都会成为青少年群体的话题。

5. 手机游戏

顾名思义，手机游戏就是可以在手机上进行的游戏。随着科技的发展，现在手机的功能越来越多也越来越强，其中具有代表性的几款如图 1-24 所示。而手机游戏也远远不是我们印象中的《俄罗斯方块》、《贪吃蛇》之类画面粗陋、规则简单的游戏了，它已经发展到了可以和掌上游戏机媲美，具有很强的娱乐性和交互性的复杂形态了。

诺基亚 N72

摩托罗拉 A1200

三星 i908E

图 1-24　代表性手机

手机游戏可以根据游戏本身的不同，分为文字类游戏和图形类游戏两种。

1) *文字类游戏*

文字类游戏是以文字交换为游戏形式的游戏。这种游戏一般都是通过玩家按照游戏本身发送到手机的提示来回复相应信息的游戏。举一个简单的例子，目前知名的短信游戏“虚拟宠物”就是典型的文字类游戏。在游戏中，游戏服务商会给一些短信提示，比如服务商可能会发送如下短信：“您的宠物饥饿度：70，饥渴度：20，疲劳度：20，喂食请回复数字‘1’，喂水请回复数字‘2’，休息请回复数字‘3’”。当回复数字“1”之后，游戏会回一个信息：“您的宠物已经喂食完毕，您的宠物的饥饿度变为 20。”如此往复，玩家便可以通过手机短信的方式进行游戏。

2) *图形类游戏*

图形类游戏更接近我们常说的“电视游戏”，玩家通过动画的形式来发展情节进行游戏。由于游戏采用了更为直观且更为精美的画面直接表现，因此图形类游戏的游戏性和代入感往往较文字类游戏高，因此广受玩家们的欢迎。

1.3.3　按游戏软件结构分类

在游戏产业里，网络游戏和单机游戏是它的两个并列分支。可以理解成网络游戏是从单机游戏发展而来的，但现在已开始和单机游戏分庭抗礼。

1. 单机游戏

单机游戏是指在游戏设备终端上进行，无须网络通信支持的一类游戏。它包括运行于电脑、控制台、掌上游戏机以及手机等设备上的游戏。单机游戏向来都是拉动硬件水平攀升的原动力，目前世界各主要游戏软件开发商依旧把单机版游戏作为市场开发的重点，并且硬件厂商通常也是将单机版游戏作为测试硬件水平的重要平台，游戏开发商更是将单机游戏看做实力和技术的体现，因此，无论市场环境如何变化，每年总能看到著名游戏开发商保持相当数量和质量的单机游戏新品上市率。

2. 网络游戏

网络游戏也就是人们一般所指的在线游戏，是通过互联网进行时可以多人同时参与的游戏，通过人与人之间的互动达到交流、娱乐和休闲的目的。网络游戏的客户终端可以是PC机、手机及其他可接入网络的设备。网络游戏有两种存在形式：一种是必须连接到互联网才能玩，这种形式中有些游戏需要下载相关内容或软件到客户端，另一些则不需要；另一种必须在客户端安装软件，此软件使游戏既可以通过互联网同其他人联机玩，又可以脱离网络单机玩。随着互联网技术的出现，通过连接游戏服务器，成百上千乃至上万的游戏玩家同时连线娱乐成为了现实，这大大增加了游戏的互动性、真实性，丰富了游戏的内涵。

网络游戏与单机游戏相比有其自身的一些特点：

(1) 网络游戏是一种服务产品。网络游戏有着服务产品的种种特征，比如运营质量的控制和评估较难，不可储存性导致供求难于平衡，玩家的素质和经验直接影响运营的质量和效果。

(2) 网络游戏可以进行复杂的大运算量的处理，能够完成复杂的逻辑和场景制作。

(3) 多人参与的互动性。网络游戏由于有多人同时参与，或合作或对弈，使得趣味性和可玩性更强。单机游戏主要是在游戏过程中达到个人的体验，是很个性化的东西；而网络游戏则更注重游戏中虚拟世界背后的真实人物之间的互动和交流。

(4) 网络游戏更新换代速度快。软件产业更新换代的速度影响着网络游戏的更新换代。国外的一项调查显示，一个网络游戏的生命周期一般为5～6年。

(5) 网络游戏存在社会问题。某些网络游戏内容中存在暴力、色情现象；在知识产权方面，私服、盗版以及模仿开发软件等现象广泛存在；在经营行为方面存在不规范问题。网络游戏对青少年吸引较大，有一定的社会隐患，从而导致国家对于网络游戏政策上、法律上没有较强的支持。而在经营场所方面，非法网吧现象也十分严重。

1.4　典型游戏开发流程

通过了解游戏开发的流程，可以更轻松地找到自己在游戏开发中所扮演的角色，决定自己在团队中的地位，进而找到自己在游戏产业中的奋斗目标。对于一个游戏开发行业的从业者来说，充分认识和了解典型游戏的开发流程，对于游戏从业者能力素质的培养起着关键性的作用。

游戏开发流程大体上可分为游戏提案期、专案企划期、制作开发期、测试后制期和发行改进期几个环节，如图1-25所示。

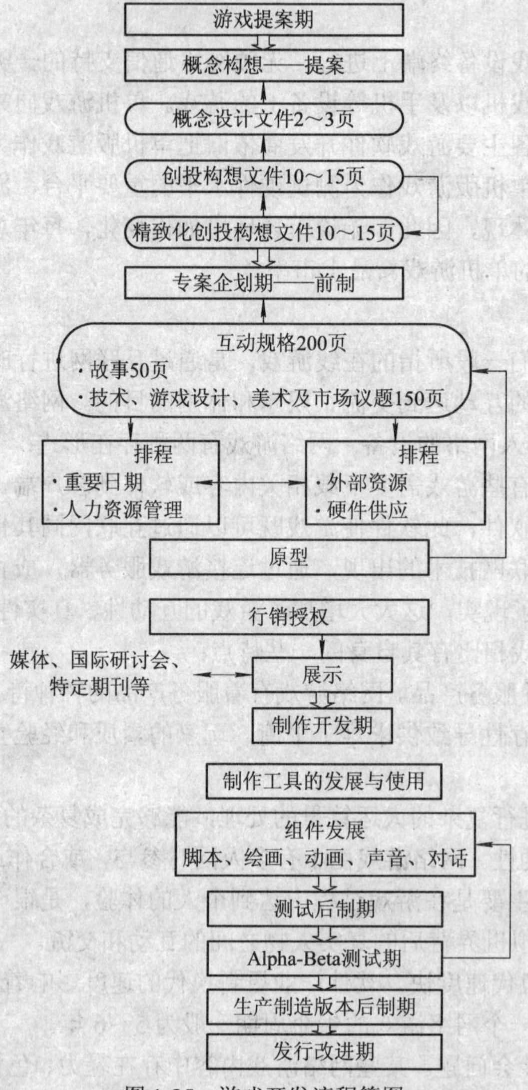

图 1-25 游戏开发流程简图

1.4.1 游戏提案期

在开发游戏的提案时期，企业应先就市场现状、目标消费群、游戏定位与类型来做判断，决定是否提案；接着对此游戏的大致内容、玩法特色、游戏性以及与其它游戏的区别等进行提案的撰写，并规划出估算的人力配置、资金、游戏制作时间等。

当完成这样的提案撰写之后，接着就是与投资人、经营者、行销部门、美术总监、程序总监等进行开会与讨论。经过讨论之后，通常会提出许多的问题点，关键点是“市场性”、“可行性”与“游戏性”，并研究上述的问题点是否能克服或予以修正，最终的结果可能是获得通过，也可能是此提案遭退件、修改，甚至另行再撰写新提案等。

1.4.2 专案企划期

如果提案获得通过，就会正式设立专案，并且确定专案名称与负责人，这就标志着进入专案企划期。专案企划期可分为前期、中期与后期。

在前期部分，主要进行资料收集与撰写。游戏企划此时需要将这次的提案改写成详细的初步企划书，将背景世界观、故事大纲、游戏主画面、游戏玩法、人物设定、场景的美术风格、音乐风格等，在各个部门的成员间进行开会与讨论，并相互激发创意，让各部门成员对此次的游戏能有更深一层的了解与认同，建立起参与感，以免被称为是游戏企划自己的游戏。讨论之后，游戏企划必须整合各小组的意见，进行企划书的修正，并且分析开发工作量、场景的大小与规模、视觉画面、游戏规则、物品种类、视窗开启方式、角色与非玩家控制角色NPC的配置等。此时美术设计与程序设计人员也开始其前期的工作。美术设计需要开始了解与揣摩美术风格与相关设计，程序设计也需试做可能使用的各项程序与效果，并且对游戏主程序是否需要重新撰写还是延伸改进之前的旧引擎做出决定。

专案企划期的中期始于一个原型(prototype)的制作，用以大致表达此游戏的模拟画面，并考虑确立之前所讨论的角色造型与游戏风格、游戏的进行方式与界面，在实际的游戏动作中是否可以确实表现出游戏性，验证企划与提案时的各项特色与重点。完成后，再与投资人、经营者、行销部门、美术总监、程序总监等进行审查会议，此时可能加入代理商与发行商，共同对此游戏进行评估。

经过上述的审查并确定无误之后，才会进入专案企划期的后期，进行完整企划书的撰写，确定工作项目与时程规划，安排人力与彼此间的支援，并正式进入制作开发期。

1.4.3 制作开发期

开发时期最重要的就是管理控制时间进度，必须让每项工作准时完成，并且处理实际开发中所遇到的各种状况。甚至在尽可能不影响整个游戏原貌与工作量的情况下，适时地加入更多新的想法与做法。此时目标的第一步就是进行游戏演示(Demo)版本的制作。Demo版本应将该有的基本功能加入，但关卡与场景可以只完成部分内容。Demo版比原型更加严谨与详细，并且可为开发期间举办的相关展览、宣传做准备。

在整体游戏开发完成至约60%时，便可选出部分相关的设定图与游戏故事剧情，配合行销与宣传的需要，进行新闻杂志稿的撰写及图片刊登，并继续着手完成Alpha版。Alpha版是接近完成的全功能版本，未加入的内容只剩游戏片头与结尾画面，或其他非程序系统功能与画面表现的内容。

1.4.4 测试后制期

测试期主要分为Alpha版测试、Beta版测试与游戏相关后续制作。Alpha版测试为游戏开发小组所进行的内部测试，主要测试游戏内的各项系统功能、游戏性以及平衡度等，必须将显而易见的程序漏洞(BUG)与画面显示的错误予以修正。完成Alpha版测试并修正之后，便进入Beta版测试，主要进行游戏稳定性与效率的测试，借由不同玩家或发行商进行外部测试，并观察不同软、硬件规格上的游戏运行情形。由测试样本回复结果，发现是否有任何遗漏的瑕疵、错字、图形等，修正后，便完成了首期发行版(Golden)，也就是进行制片与上市销售的版本。关于后制部分，包括游戏的封面与盒装设计、说明书的编制以及宣传海报等，也都在游戏制作期与测试后制期同步进行，并与制片厂、发行商等沟通完成，准备相关的制作、装箱与发行等事宜。

1.4.5 发行改进期

游戏在完成之后，并不代表开发流程的结束，尚有发行与改进的环节。发行部分非本次主题，在此不多加阐述，此处仅讨论游戏发行后的改进工作。

游戏产品改进的时间，可定在游戏发行后的 2 个月进行，因为之前或许还有上市后才发现的瑕疵必须修正，或是根据市场反应状况进行后续的行销与宣传配合。以单机版游戏而论，游戏发行后 2 个月，市场销售将会趋于缓和，此时便可由企划、美术、程序与音乐等人员进行开会讨论，针对此次游戏开发中工具程序的使用与消费者在题材、操作、心得等方面的回应等讨论下一次进行开发时应如何改进，使开发更加顺利，更符合市场的需求，并将此次游戏开发的经验彼此分享。至此整个游戏开发流程才算完整结束。

1.5 游戏开发团队角色划分

了解游戏开发团队中的职责划分是至关重要的，它有助于理解游戏的不同组件是由哪些人来完成的以及设计和制作的相关决定由谁来定等。游戏开发人才是指与游戏制作相关的专业开发人员的集合体，总体上可以分为游戏项目管理类、游戏设计类、游戏制作类、游戏质保类和游戏运营类，如图 1-26 所示。

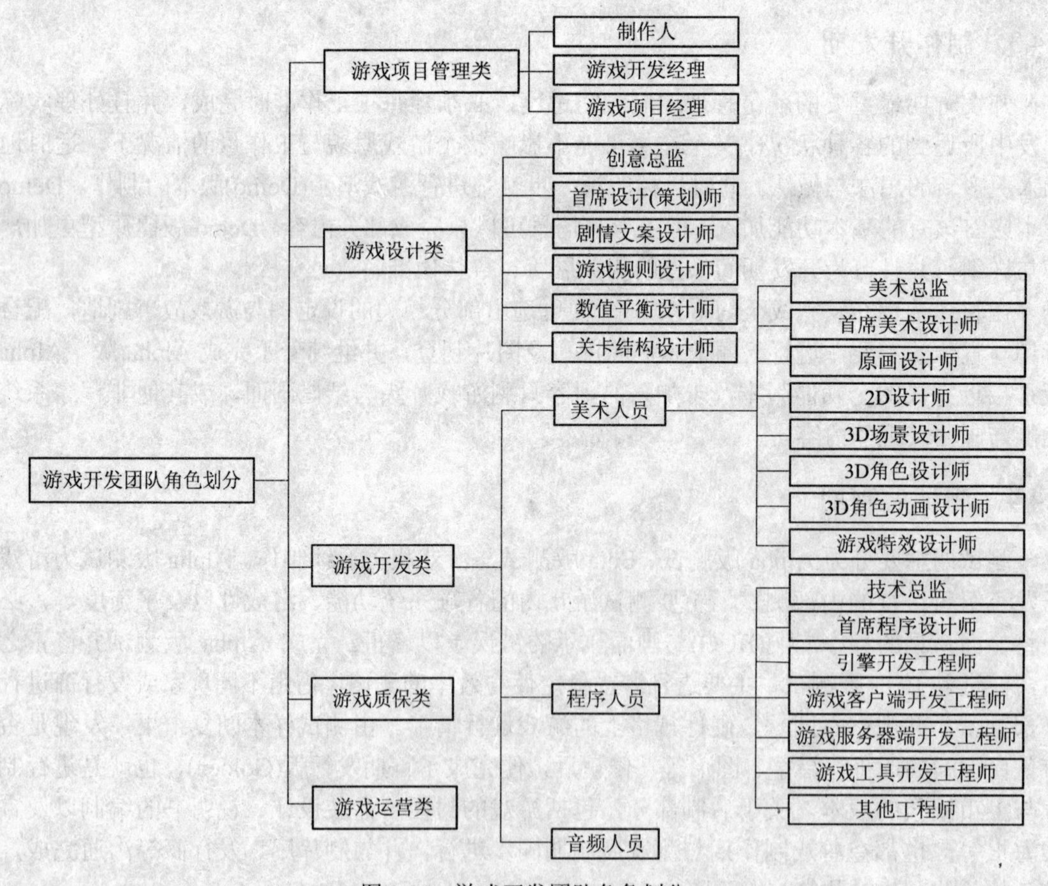

图 1-26 游戏开发团队角色划分

1.5.1 游戏项目管理类

游戏项目的管理是项目开发最重要的组成部分，很多开发团队的能力受到局限，并不是因为缺少程序员或美术设计师，而是缺少项目经理等管理人才。游戏项目的管理可以分为很多不同的部分，由不同的人来负责不同范围或层次的管理，如制作人、开发经理、项目经理等。

1. 制作人

游戏制作人类似电影制片人，是游戏制作的总负责人，其重要性正日益增加。制作人负责使整个团队出现积极充分交流沟通的局面，确保随着游戏开发的进展实时更新行销、宣传的内容，使得给予消费者的关于游戏的特征、性能以及其他说明真实可靠。制作人需要促进整个团队的交流，决定企划、商定合约、制定计划、编制和管理预算、管理日程、协调各个步骤、制定广告和市场战略。

2. 游戏开发经理

游戏开发经理负责整个项目开发过程的顺利进行，其具体职责有如下几条：

(1) 确保按时发布满足用户需求的游戏产品。

(2) 跟踪、管理和汇报开发进度，确保开发进度按计划完成。

(3) 跟踪并推动开发组内的开发工作，依据产品需求与功能说明书的要求，保证开发组的工作成果和产品目标完全吻合。

(4) 负责确定项目各个版本需要完成的需求功能并负责组织产品需求与功能说明书和开发计划文档的编写。

(5) 负责开发过程中变更需求的把控。

(6) 评估已发现的所有 BUG，确定 BUG 的处理情况。

(7) 负责与项目内、外的相关项目联系人保持交流和沟通。

(8) 指导项目的开发过程，确保开发过程符合部门的开发流程规范。

(9) 负责对开发过程中需要进行调整、变更的其他问题作出决策。

3. 游戏项目经理

游戏项目经理应根据游戏的需要，负责跟进游戏项目过程，带领项目团队完成公司预定目标，其具体职责有以下几条：

(1) 负责游戏项目可行性研究，并进行各大开发节点的相关工作。

(2) 负责游戏项目开发的相关工作及质量控制、风险防范。

(3) 负责游戏项目团队的建立及日常管理。

(4) 负责游戏项目的人力资源管理及成本管理。

(5) 对项目组成员进行绩效考核。

(6) 对项目进行成本预算及成本控制。

(7) 负责向公司高层汇报项目进展及成绩。

1.5.2 游戏设计类

游戏设计类人员可以看做梦想家，有点类似于作家。他们负责给出整体的大纲和产品充分的细节描述，以便开发团队中其他人能够正确地理解并制作这一产品。游戏设计类人员的这种创造与一般的文学、艺术作品是不同的，它需要征求团队成员、发行者以及制作过程中公众的意见以做出适当的修改，然后给出详细的设计说明书。这份文档应该包括详细的游戏规则，描述游戏角色和设置(应包含相关的表格和图片说明)，包括标准的描述和可能的地形图，每个角色或角色群体所处的位置，所具有的动作等。

1. 创意总监

创意总监往往属于整个公司而不是某个项目。作为最高层的创意策划人员，创意总监往往由行业经验丰富的人担任，他不仅要有深厚的人文、历史知识背景，还必须具备很强的故事原创能力。

2. 首席设计(策划)师

首席设计师(Lead Designers)在国内通常称为“主策划师”或“首席策划师”，与创意总监都属于公司管理层面。所不同的是，主策划师这一岗位一般是针对某个游戏开发项目而言的，每个游戏都有一个主策划师。主策划师要负责带领策划团队完成整体策划方案，同时将详细设计的任务分配给每个策划人员，并负责指导与管理。

3. 剧情文案设计师

这也是最早出现的游戏设计师类型，早期的这一类游戏设计师都是因角色扮演游戏的制作热潮而产生的。此类设计师的特点是文字优美，善于制作游戏过程中的矛盾，对游戏节奏把握较好。通常游戏中所有需要文字的地方都需要他们，连说明书也不例外。

4. 游戏规则设计师

游戏规则设计师的工作就是根据游戏的类型和特点来设计游戏规则。由于规则与数据的密切相关性，游戏规则设计师经常与数值平衡设计师协同工作，以提高效率。

5. 数值平衡设计师

数值平衡设计师的工作就是专注于游戏数据，在规则框架内将系统调整到平衡状态，以提高游戏的趣味性和竞争性。由于系统属性很多，参数设置就变得很复杂，这需要数值平衡设计师具有很强的数学建模能力。

6. 关卡结构设计师

关卡设计这个名词和关卡设计师这个职业，是 20 世纪 90 年代中后期，随着三维射击游戏的流行应运而生的。早期的二维游戏也存在关卡，但相对简单，由普通策划人员就能完成。而到了三维时代，关卡的复杂度极大地增加了，玩家可以向四面八方行走，还有不同的高度层，当关卡设计的工作量和复杂度大到一定程度，关卡设计的工作就独立出来由专人负责，关卡设计师这项职务也就应运而生。

1.5.3 游戏开发类

游戏开发类人员负责整款游戏的具体开发过程，包括软件开发、美术设计和音频处理等工作。

1. 美术人员

美术人员和动画设计人员负责绘制符合故事情节的画面、角色和背景等，承担 2D、3D

绘画及动画等的设计工作。

1) 美术总监

美术总监在一个开发企业中是美术设计方面的核心，往往由行业经验丰富的人担任。他不仅要有深厚的艺术底蕴，还必须具备相当的管理能力。美术总监的工作内容包括：负责建立美术工作的品质标准、比例标准和规格标准；检查、指导美术工作；监管项目美术行程；负责美术部门与策划部门、程序部门的沟通协调；负责美术的工作分配、人员调整、实施监督和绩效管理；负责美术日常工作的行政、人事、奖惩管理；决定项目美术相关的重大事项，包括风格、色彩、规模等；开列项目预算；对美术工作成果的最终品质负责，掌控产品最终品质。

2) 首席美术设计师

首席美术设计师这一职位，在国内也常被称为“主美术设计师”。相对美术总监来说，首席美术设计师的管理职能较弱，但他们会承担美术设计流程中最关键和难度最大的工作。

3) 原画设计师

原画设计师是一款游戏整体风格的确立者，游戏所有的色彩感觉、角色印象和场景风格，是由原画设计师在主美术设计师的要求下进行最终确立的，游戏后续其他工作基础都来自原画设计师的工作内容。原画设计师在整个美术工作组中起着艺术源头的作用，要求任职人员一定要有很强的美术功底，尤其是手绘能力。

4) 2D设计师

2D 设计师涉及的工作面非常广泛。首先，2D 美工与原画人员的关系非常密切，他们要给游戏最初的素描稿设定颜色。其次，2D 美工与 3D 美工之间也必须进行非常密切的合作，大量的三维模型的材质纹理需要他们来完成。再者，游戏中的大量界面需要 2D 美工来完成。最后，游戏推广时使用的大量宣传品都是 2D 美工的杰作。

5) 3D场景设计师

3D 场景设计师往往并不直接做出最后的游戏场景，他们的主要工作是完成场景中需要的 3D 模型。在大型游戏公司会有关卡设计师这一职位，他们的主要任务是以 3D 场景设计师做出的 3D 模型为素材，使用关卡编辑器制作出游戏场景。

6) 3D角色设计师

3D 角色设计师的主要工作是制作游戏中的角色、怪物或是 NPC 等。这个职位的任职人员要求了解解剖学并有很强的造型能力，非常注重细节的刻画。当然，对 3D 建模软件的精通也是对 3D 角色设计师最基本的要求。

7) 3D角色动画设计师

角色模型刚刚制作完成时是不会动的，必须由 3D 角色动画设计师为其加入动作。完成这项工作的技术方法有很多，比如通过 Character Studio(3ds Max 的一个插入模块，用来模拟人物及二足动物的动作，由 Autodesk 公司多媒体分部 Kinetix 研制)制作，或者直接通过动作捕捉设备捕获。

8) 游戏特效设计师

特效设计师通过自身对各种效果参数的理解，在特效编辑器上通过大量的尝试来获得需要的特效。每种特效背后都有带透明效果的贴图，特效设计师必须具有很强的半透明贴图制作能力。

2. 程序人员

程序人员通过设计计算机程序实现对故事情节、画面设计、音乐等游戏内容的控制，键盘输入操作，卡通管理，画面程序设计，制作游戏引擎和游戏框架，不仅要能够把游戏内容翻译成机器编码，还必须能够考虑到游戏的操作性，能够从用户的角度发现游戏策划人员事先没有想到的东西等。程序人员要为美术人员提供游戏的最新版本，让其可以在游戏运行的情况下实时看到自己设计的艺术效果，还要为测试人员提供游戏说明书，特殊的键值组合以及游戏的特征、作用等。

1) 技术总监

技术总监往往由开发经验丰富的人担任，他不仅要有对成熟技术的把握能力，还必须在新技术上保持足够的敏感，能够发现新技术并将其整合到公司技术体系中。技术总监对各项目组的技术团队有监督职能，各种技术方案的审核都由技术总监确认。

2) 首席程序设计师

在一般公司中，也经常将首席程序设计师称为主程序。从技术层面上看，首席程序设计师是对游戏引擎及游戏程序架构最为了解的人，是程序开发团队中最富有技术能力的人。他知道得最多，有最多的经验，而且他还必须要有将程序全面整合的能力。此外，首席程序设计师还必须担负起程序小组的管理职能。所以首席程序设计师的职责，对上要以管理者的决策为主，对下就必须要管理程序设计小组。

3) 引擎开发工程师

引擎开发工程师负责对公司所使用的引擎进行开发及维护。具体来说，就是按照引擎设计开发实现自有游戏引擎，或者采用新的手段不断对现有引擎加以改进，始终保持引擎的技术先进性。此外，他还要负责维护引擎开发技术文档和用户接口文档等一系列文档，保证公司的技术积累。

4) 游戏客户端开发工程师

在网络游戏开发中，一般会在引擎基础上构建客户应用程序，完成该工作的人员就是客户端开发工程师。他们的主要任务是使用引擎提供的支持，开发游戏的图形客户端，因此要求他们相当熟悉引擎本身，熟悉游戏将来运行的目标平台。

5) 游戏服务器端开发工程师

在网络游戏开发中，服务器端的开发是必不可少的，完成该项工作的人就是服务器端开发工程师。他们的主要工作是使游戏响应速度更快，系统更稳定，同时可以承载更多的用户且有更高的安全性。对网络开发工程师来说，要求他们熟悉网络通讯原理，精通 Socket 网络编程以及 Windows 多线程技术，以达到上述的要求。

6) 游戏工具开发工程师

各种游戏编辑工具是游戏设计师们在开发过程中所必须使用的，也是游戏引擎的重要组成部分。游戏编辑工具包括地图编辑器、角色编辑器、特效编辑器、声音合成编辑器……它们将用于产生地图、关卡、任务等。这类程序员应该对 Windows 下的应用程序开发(主要指 MFC 或 .net)较为熟悉，他们同时需要熟悉引擎及其数据模型，因为需要将数据与工具相结合以进行编辑。

7) 其他工程师

由于引擎本身很复杂，在某些企业会进一步将引擎开发工程师细分为引擎图形开发工程师、人工智能开发工程师、物理系统开发工程师、音频系统开发工程师等，这些职位的工作面相对比较窄，但对知识深度要求非常高。

3. 音频人员

游戏中的音频包括背景音乐、音效、对白配音等。相对应的岗位是作曲、音效设计师、录音/播音员等。值得注意的是，由于音频制作具有极强的专业性，需要非常昂贵的专业音频处理设备。出于成本方面的考虑，大部分中小型公司会将音频制作工作外包给专业的第三方团队，而不在公司内设置该类人才的编制。

1.5.4 游戏质保类

质量保证(QA)是游戏开发中非常重要的组成部分。如果只是在游戏开发完成之后进行测试，不断地玩游戏，直到游戏完全没有问题，那样效率会很低。正确的做法是安排专门的测试人员在游戏开发的中期就介入。游戏测试人员大致分为两种：一种是软件测试人员，他们更偏向技术，主要职责是通过技术手段发现程序本身的BUG并提交，很多公司将他们归入软件开发类人才，或者直接由编程人员完成测试工作；另一种是游戏逻辑测试人员，他们更多采用“玩”游戏的做法去测试游戏的可玩性、难度、平衡性等。

1.5.5 游戏运营类

游戏运营给人的感觉是与开发关系不大，这是很多人容易犯的错误。如果脱离运营人员的各种调研工作，开发出来的产品很可能不符合市场需求。游戏运营类人才包括市场推广专员、渠道专员、客户服务工程师、游戏管理员(GM)等。在游戏行业的研发、运营和渠道三元模式下，运营商经常会派其市场策划人员提前介入到开发过程中，而客户服务工程师及GM提前介入工作能显著提高服务质量。

以上仅仅是对游戏制作进行的介绍性的讲解和分类，对于一个体系庞大、任务繁杂的行业来说，更细致地对于每一个职业分支进行科学划分，并通过优秀的管理理念来对所有的职位进行关系整合，是行业能快速正规发展的必然过程。

习　题

1. 你最喜欢的游戏是什么？它最吸引你的特点有哪些？
2. 结合实际情况，谈谈游戏有哪些作用。
3. 谈谈游戏从不同角度的分类方法。举例说明你所熟悉的两三款游戏属于哪种类型。
4. 简述游戏的开发流程。
5. 参照游戏团队角色划分，思考一下你的发展方向。

第2章　游戏策划与描述

2.1　游戏剧本分析

游戏故事就是增加玩家置入感的相关情节。游戏一般分为有情节的感观类(如角色扮演游戏 RPG)和无剧情的刺激类(如动作类游戏 ACT)。两种游戏都有其情节载体，情节载体的最直接表现形式就是游戏故事。无剧情的刺激类游戏实际上也是有故事情节的，其情节是通过场景、角色、服饰、行为等多种游戏元素组合而成的，在玩家脑海里形成一个潜在的故事情节。不同类型或风格的游戏对故事的要求是不同的。

1. 无剧情的刺激类

只需一个背景故事，游戏发展过程和背景故事无关。

2. 有情节的感观类

故事精彩而吸引人，游戏和故事一起发展(如大部分 RPG 或混合类游戏)。游戏故事与一般的小说和戏剧还不一样，因为游戏是交互性的。玩家不仅是听故事，还是成为故事的主要人物；不仅是观看别人的喜怒哀乐，而且是自己参与进去，决定故事的发展和结局。这就是游戏故事，一种交互式的故事，这样的故事形式显然比普通的故事更容易受到欢迎。正因为玩家参与到故事内部，所以游戏的故事和普通的故事是有所不同的，要考虑更多的可能性。

2.1.1　确定故事主题

游戏设计人员在设计剧情和故事的时候，首先必须确定故事的主题，这需要考虑游戏所面向的玩家对象。有一些主题，例如爱情、战争等，无论对于游戏还是小说或电影，都是非常常见的选择，更容易吸引观众，也可以适应多种不同的游戏类型和风格。而另一些主题，比如美食等，则比较少用，游戏风格的选择方面也不太灵活。

2.1.2　明确故事来源

当明确了一个主题后，就可以围绕这个主题来编写和创作游戏故事了。

影视故事——影视分镜、剧本。

游戏故事——游戏进程的描述。

故事来源一般有三个方面：改编、原创与借用。

1. 改编他人的小说或故事结构

改编的小说或故事结构是已经成熟的文学作品，游戏设计者在改编之前，可以很清晰地了解其市场的反映情况和服务群体，可以很好地了解有多少人在读这本小说，读这本小说的人对它的评价怎样，它受到读者推崇的主要原因是什么，可以非常有针对性地设计游戏。同时，也可以节约一些创作成本(但要注意版权问题)。例如以金庸的武侠小说为蓝本设计的游戏。

2. 原创的游戏故事

原创游戏故事的优势是显而易见的，这样的方式可以根据不同的需要来进行创作，而不受任何局限，并且可以进行大胆创新，但是这样做有一定的风险性，且成本不好控制。例如，《轩辕剑》、《剑侠情缘》等游戏的故事都是原创的。

3. 借用已有的题材编写新的故事

找一个大家都熟悉的题材，以这个题材的故事或故事片断作为本次故事创作的开始，然后顺着这个顺序进行全新的编写或在原有的基础上进行改编(注意改编质量)。采用这类方式可以使玩家对这款游戏产生一种亲切感，容易拉近游戏和玩家的心理距离。例如，根据《西游记》改编的游戏《大话西游》；根据《封神演义》改编的游戏《封神榜》；根据金庸的小说改编的游戏《金庸群侠传》。

2.2 情节描述

2.2.1 确定讲述顺序

1. 倒叙法

倒叙法就是将玩家先放在事件发生的结果之中，然后再让玩家回到过去，去了解事件发生的原因，或者是阻止某件事情的发生，例如《神秘岛》(MYST)就是这样的冒险游戏。

2. 正叙法

正叙法就是以平铺直叙的方法讲述故事，让故事情节随着玩家的遭遇而展开。也就是说，玩家对于游戏中进行的一切都是未知的，而如何发展只等待玩家自己去发现或创造。一般的RPG游戏通常都是采用这种方式来描述游戏故事剧情的。

3. 插叙法

插叙法是在描述故事情节的过程中，插入与当前故事相关联的另一段故事情节。比如《剑侠情缘》中主角独孤剑见到陆文龙时，插入一段陆文龙的身世传奇，这段故事情节的讲述方式就属于插叙。

2.2.2 设计描述角度

在文学创作中，有以第一人称叙述角度写的小说，也有以第三人称叙述角度写的小说。同样，在游戏中，故事的叙述角度也有第一人称和第三人称。

1. 第一人称

第一人称的角度就是以游戏主角亲身经历的模式来描述的一种角度。游戏让玩家控制游戏主角，玩家能感觉到他就是游戏的主角并进行虚拟世界中的历险。第一人称视角游戏都是以第一人称的角度叙述故事的，非第一人称视角游戏也可以是以第一人称的角度叙述故事的。通常第一人称的游戏更容易让玩家产生置入感，但在游戏进程或脚本的编写上更为困难并有一定的局限性。

2. 第三人称

第三人称就是用旁观者的角度去观看游戏的发展，就如同观看电影或电视。通常在这样的游戏中，游戏玩家可以控制游戏中的多个角色；玩家可以不扮演游戏中角色，或者充当的角色在游戏中根本不出现。比如即时战略类的游戏就属于第三人称的。

特点：更灵活，没有第一人称角度的限制。如果设计得好，表现力会更强。由于玩家是旁观者，他可以随意进行操作：例如把某人放在一边而去操控另外一人；看到游戏中发生的所有情况等。

有些游戏类型可能不适合某种描述的角度。例如，FPS 一定是第一人称的，RTS 一定不是第一人称的，而 RPG 大部分是第一人称的。

2.2.3　设计故事情节

1. 游戏的剧情阻碍(设置情节冲突)

所谓“剧情阻碍”指的是在游戏中，有些事件是玩家必须去解决的问题，而这些问题也就成了玩家继续游戏的阻碍。通常这些剧情的阻碍是由人、物、事所引发的。

2. 设计故事主线

故事中所体现的最根本的冲突和矛盾，称为故事主线。故事主线是整个故事的最主要冲突，这个矛盾的解决过程就是整个游戏所表现的内容，当这个冲突消除时，这个故事也就讲完了。如果我们将这个冲突换成另外一个冲突，其故事情节将全部被更换。

3. 安排故事情节

明确了游戏故事的主要冲突和矛盾，也清楚了解决矛盾和消除冲突的条件之后，把这些条件按照日常生活的形态以合理的方式进行表达，这就是在安排游戏的故事情节。

4. 预知的游戏剧情

预知的剧情通常被放置在游戏的最初期阶段，用来交待剧情，主要是告诉玩家接下来游戏的目的。

5. 情节转移

情节转移就是将游戏的故事情节转向，目的是要让玩家可以朝另外一个全新的方向来进行游戏。

6. 悬念的安排

“悬念”是一种剧情上的安排。这种“悬念”的气氛可以带给玩家一种精神紧绷的刺激感，而游戏中的剧情也就更容易潜移默化地被玩家所接受了。

2.2.4　游戏故事的结尾

在设计游戏故事的时候，故事的结尾是比较重要的部分。目前流行的游戏故事结尾通常表现为两种主要的形式：一种是完美型，整个游戏故事最后有一个非常完美的结局；另外一种是缺憾型，全部的游戏故事结束的时候，有一个或若干个小的冲突或矛盾没有解决，给玩家一种意犹未尽的感觉。

故事结尾的内容和结构与游戏开发的策略有着直接的关系。游戏故事的结尾如果是缺憾型的，其最主要目的是为了对游戏的续集开发做一个铺垫。当然了，这并不是说一个游戏采用了完美型的故事结局后就不能再进行续集的开发。采用缺憾型结尾的主要好处是为了今后的宣传，并在游戏结束的时候给玩家一个悬念，引起玩家的重视。由于人类心理有一种趋圆性，一件没有完成的事情，总会设法去完成。所以，采用缺憾型结尾的游戏故事通常会取得一些好的效果。但效果的好坏主要取决于玩家对目前这款游戏的投入程度。

2.3 场景描述

2.3.1 场景和游戏性

制作场景是一项富有创造性的任务。在努力制作漂亮场景的时候，可能很容易就忘记了制作场景的主要目的：使得游戏更加有趣，也许无意间会在游戏中造成了一些缺陷。玩家可能发现迷路了，泄气了，或者更糟；可能发现关卡中的漏洞，并用这个来作弊。为了避免出现这种情况，应时刻注意什么是关卡中的核心游戏性，而且需要制作场景来适合这个游戏性。

制作场景结构时应注意以下几个问题：

(1) 只制作所需要的场景结构。制作巨大的空间意味着玩家有许多的活动范围，但同样也意味着有大量的工作要做。

(2) 迷宫并不有趣，除非它是这个游戏的重点。

(3) 把道路隐藏起来是会令人受挫的，应谨慎地使用。

(4) 不要制作一些不会奖励玩家的道路。如果玩家沿着一条路走，那么这条路就应该通往某个重要的地方或者有一些有乐趣的东西。

(5) 始终保持一贯性。如果一个地方的某个斜坡是不能通过的，那么其它任何地方像这个角度的山坡应该都是不能通过的；如果一个地方的某个密度的森林不能通过，那么其它地方相同密度的森林也应该不能通过。

2.3.2 场景结构的另一个目的：阻拦玩家

到目前为止，已经谈论了场景结构是可以让玩家在上面行走的。然而场景结构可以有第二个作用：定义玩家可以探险的区域限制。很多时候，关卡设计师会把关卡放置到一个峡谷或山谷里面，那里有着险峻的山坡和悬崖来阻止玩家穿越关卡。另外一些时候，一片不可以游泳的海洋或一块标记明显的荒地，比如一块沙漠，给了玩家一个形象的感觉：不能到达那里。

当在关卡中设置“阻挡”的时候，应注意以下几个问题：

(1) 始终清晰地标记出玩家不能去的区域。通常来说，阻挡是会让玩家感到沮丧的，没有人喜欢被禁止去想去的地方。然而，如果使得阻挡很容易辨认，那么玩家就会明白这个是游戏的一部分，并不仅仅是游戏设计师一时的兴致来禁止玩家去那个地方探险。即使是一道无形的墙阻止了玩家进入一个贫瘠的沙漠，这也是可以的，只要这条阻挡线被清晰地标记了。

(2) 不要在阻挡的另一边放置任何有趣的东西。没有比想去某些地方探险但是却发现没有路来得更糟糕的了。把一个建筑物，一座雕像，或一个洞穴放置在阻挡的另一边会使得玩家认为应该去那里搜索一下。浪费很多的时间试着到达那里，但是当认识到这是不可能的时候会很不开心。很多设计人员认为这个并不重要，但不意味着玩家也这么认为。

有些时候应该在玩家的前面放置一些障碍，阻止玩家去那些设计师不希望玩家去的地方。在大多的游戏引擎中，可以创建一块不能通过的区域，来阻止玩家再向前进。

不能通过的区域通常是不可见的，玩家可能会气恼为什么走不进去。因此，设计师应该花很多心思考虑如何放置这些区域，使玩家了解什么是被禁止的，所以可以放置一面篱笆，创建一堵墙，改变地面的颜色，使森林变密，或者做一些其它明显的事情。

有些游戏引擎允许玩家走上任何小于 90° 的斜坡，因此要在全部的 90° 的斜面上放置不能通过的区域，这些斜面对玩家来说是太陡峭而不能爬上。关于哪个角度玩家可以爬上而哪个角度玩家无法爬上，始终要确保是一致的。即使是一个细微的变化，玩家可能也会注意到，从而打乱连贯的感觉。

这些原则也适用于场景的类型，制作的不可通过的区域取决于设定的危险场景，比如熔岩或泥泞的沼泽地。要确定是否很容易区别可通过的区域和不可通过的区域，并以这样的形式来给场景结构贴图。

2.3.3 制作真实的地形结构

自然界是混乱的，它并不是由有组织的线条和理想的曲线所组成的。然而，在绘制所有的多边形和保持游戏的可玩性之间有着一个平衡的准则。花费大量的时间用工具来制作混乱，而这个工具却是使用直线和理想的曲线来作为建筑块的。所以必须在一个地方集中细节较多的场景，而这个地方是玩家乐意去的。举个例子，如果玩家被限制进入峡谷的底部，那么最好从地面到水平位置之上地面开始细化，然后到达上面的时候简单地绘制一下峡谷底部。

同样，要确保有很好的材质来源。拥有一些关于正在制作的地形类型的好图是很有帮助的，这样可以尽可能地把地形做得逼真。国家地理和旅行手册是地形照片最好的来源。

地形系统制作出色的话，可以让玩家沉浸在游戏世界中，觉得是在真实地攀登山脉或在潮湿的丛林中披荆斩棘。为了达到这种效果，应该在给定的游戏引擎上尽可能地把地形制作得逼真，而且玩家遇到的人物应该是恰当的。

2.4 角色描述

所谓角色(character)，是指让一个人能够区别于另一个人的所有属性的总和。游戏中的角色分为玩家角色和非玩家角色。

2.4.1 角色划分

一个角色是一个小说化的人物，一个虚拟的存在。更确切地说，一个游戏角色是一个用来玩游戏的工具，一个通过把游戏世界对玩家存在的反应展示给玩家的方法。

1. 玩家角色

在一个角色扮演游戏中，玩家角色通常由游戏及其体系的外部元素组成。通常，这些特征的类型并没有在游戏中机械地表达出来，仅仅是作为额外的小说化的素材存在于玩家的想象当中，即背景故事。这样的元素是非常有用的，能帮助玩家暂时搁下心头的疑虑并更易于沉浸入游戏之中，能进一步提升一个既定游戏的设计目标。有人会说只对某些特殊类型的游戏来说这样的细节才有更大的关联，但在许多情况下，在游戏里为玩家扮演的角色和为正尝试着要完成的事情提供一些小说化的背景将有助于理解和享受游戏(在开始时，游戏总是一个陌生的、抽象的事物)。背景故事可以通过调用玩家的想象力来增强玩家的体验。这些小说化的元素提供动机的背景以及驱动玩家行为的命令。

2. 非玩家角色

非玩家角色 NPC(Non-Player Character)是指游戏中不受玩家控制的角色，一般由程序来决定 NPC 的反应。NPC 通常扮演以下几种角色：

(1) 玩家角色的协助者；

(2) 玩家角色的敌对者；

(3) 玩家队伍的伙伴；

(4) 玩家角色暴行的受害者(不分阵营)；

(5) 引导玩家角色发生事件的关键角色；

(6) 提供事件背景的资讯。

2.4.2 角色的设定

为了制作一款能够吸引玩家的游戏，在对角色的刻画方面越细致、真实、成熟、丰满、详尽越好，最好能真实地体现各角色之间错综复杂的关系。角色设定方面应包括角色的属性设定、背景设定、形象设定、逻辑设定等四大要素。

(1) 数值部分：角色的属性设定，如表 2-1 所示。

表 2-1　角色的属性设定

类别	说　明
编号	角色编号的设定
姓名	角色姓名的设定，包括真实姓名、绰号、别称等
等级	角色等级的设定，包括人物等级、职业等级、技能等级等
属性	角色各项属性的设定，包括基本属性、主要属性、隐藏属性等
职业	角色职业的设定，包括是否是转职、兼职、升职、进阶职业等
天赋	角色天赋、技能、魔法、能力、特长等方面的设定
称号	角色自己的各种称号的设定
阵营	角色阵营、声望方面的设定
道具	角色所拥有的道具、物品方面的设定
装备	角色所拥有的武器、防具等各种装备的设定

(2) 文案部分：角色的背景设定，如表 2-2 所示。

表 2-2　角色的背景设定

类别	说　明
背景	角色的背景、来历、背景故事等方面的设定
身世	角色身世的设定，包括自身的身世、家庭住址、生日、星座、属相等
关系	角色的人际关系方面的设定，共有亲情、友情、爱情 3 要素，包括朋友(友情)、情人(爱情)、亲人(亲情)、仇人及其家庭成员等
组织	角色所属势力、组织、国籍、部落、帮会等方面的设定
血统	角色血统方面的设定，包括种族、民族、是否是混种种族等方面的设定
任务	关于同游戏中相关任务、剧情、事件等方面的设定
喜好	角色个人爱好、行为习惯等方面的设定
性格	角色性格方面的设定，如粗犷、豪迈、开朗等
对话	角色在游戏中的对白方面的设定

(3) 美工部分：角色的形象设定，如表 2-3 所示。

表 2-3　角色的形象设定

类别	说　明
性别	角色性别的设定
年龄	角色年龄的设定
身材	角色高矮、胖瘦、体重等身材方面的设定
样貌	角色样貌的设定，包括发型、发色、面孔、五官、细节特征等方面的设定以及穿着方面的设定
种族	角色种族特征方面对样貌等方面的影响

(4) 程序部分：角色的逻辑设定，如表 2-4 所示。

表 2-4　角色的逻辑设定

类别	说　明
脚本	角色脚本的设定，包括人工智能脚本和互动功能脚本两方面。人工智能脚本包括交涉、贿赂、作息、战斗、施展魔法、使用技能、逃跑、使用道具、收集宝物、仇恨机制、阵营机制、移动等各种行为动作方面的设定；互动功能脚本包括开锁、上锁、关门、开门、打开容器、关上容器、打碎容器等方面的设定
坐标	角色在游戏中的坐标(位置)设定
权限	角色的功能权限等方面的设定
经验	杀死某个敌人可以获得的经验值方面的设定
物品	杀死某个敌人可以获得的道具、物品、装备和获得这些东西的几率等方面的设定

2.5　游戏规则和表现方式

规则是游戏的根本要素，它在所有游戏中都有明确规定，包括电脑游戏和非电脑游戏。任何电脑游戏、棋类游戏、桌面策略游戏或者是用纸和笔进行的角色扮演游戏，都包含有基础的规则要素。这些规则要素通过与其他要素的相互作用而表现出来。以电脑游戏为例，可以认为规则作为游戏的一部分是直接体现在代码中的。通过由其基础特性而产生的相互作用，这些规则要素得以为玩家生成决策点。

表现方式是辅助性的，它们的存在是为了引发情节，让玩家投入游戏，让游戏更容易掌握，或者提供其他有助于增加游戏性的体验。表现方式为规则提供一个外壳，令规则更类似于我们已认知的事物，无论是真实的还是虚构的。可以认为表现方式就是游戏中所有由美术和声音来表现的部分。表现方式的存在不是独立于规则之外的，而是作为规则的载体出现的，其最终目的是为了让人们把游戏的规则跟生活中的或虚构的事物联系起来。

简单的例子有助于我们了解规则和表现方式之间的区别。传统上，很多射击游戏都运用一种物理碰撞和子弹射击算法，这种算法模型将子弹射击设为瞬时的直线轨迹和将人物设为可运动碰撞的圆柱体。这样，那些可以射出直线的圆柱体就是角色的基础属性——角色的规则。而战士的图像、他发出的声音和他的动作就是角色的表现方式。

可以想象，将玩家控制的人物剥离表现方式而简单地设想成一个个抽象的圆柱体在水平地移动，以射出直线到别的圆柱体上为目标。游戏的规则就是这些圆柱体、它们互动的方式和它们的作用特性。游戏的表现方式就是圆柱体被制作成什么样的外观和这些圆柱体的动作表现。

任何不同的形象都可以套在那些在不断滑行和射出直线的圆柱体上。这些圆柱体既可以做成太空战士，也可以做成二战中的士兵，或者抽象的形体，甚至使用激光武器的机器人。这些表现方式并不影响游戏规则——那些圆柱体仍然以相同的规则作用，而不管它看起来像 Nukem 公爵还是 Simpson 男爵。

明白规则和表现方式之间的关系有利于我们分析游戏的元素如何相互作用，而不会太多地被这些元素的外表所羁绊。这是个很好的分析方法，可以让我们明确地将焦点放在游戏性(gameplay)上。因此培养在头脑中把表现方式剥离，单独分析潜藏规则的能力就显得非常重要了。如此一来，那些对游戏性不起作用的元素就会暴露出来，因为在剥离外表的情况下，它们再也不起任何帮助。

如果一个互动的元素或者系统不能在纯粹抽象成线和圆柱体的可玩性层面提升游戏的品质，则无论它的表现方式如何吸引人，都有必要重新评估其存在意义(也有少数是例外的)。

在游戏设计中，规则从来都是最重要的。有一个优秀的表现方式固然很好，但这不是产生美妙游戏体验所必需的。规则才是必须具备的。观察一下象棋，其实并不怎么像远古战场上军队之间的战斗，但象棋所营造的决策要点却十分绝妙，这使它至今仍然流行。电脑游戏中的《反恐精英》、《文明》和《星际争霸》同样如此。早在数年前这些游戏的表现品质就已经被其它游戏超越了，但它们的规则仍然保留着最有效的要素，因此得以继续流行。

规则是让游戏之所以成为游戏的关键。任何没有规则元素的娱乐方式都不能被称为游戏。拿电影和书来举例，它们是只有表现方式元素的娱乐形式，它们的构成元素之间并不包含不经事先设定的互动。它们并不为人们提供决策点，你第二次观看的时候内容的进展是完全可以预见到的。因此规则可以定义为不完全的非预见性的互动和动态地产生的决策点，这就是说电影和书是没有规则要素的。一个游戏设计师就是一个规则设计者。

有些游戏甚至没有任何表现方式的要素存在。例如棋类游戏 GO 并不是通常认为那样把棋子与战士联系起来，因为它们的互动的规定和外观并不类似于战士。电脑智力游戏，例如 Bejeweled，通常是没有表现方式的。Bejeweled 虽然使用宝石的图像作为棋子，但这些宝石的排列和作用跟人们日常生活中的事物没有任何类似之处，它们只是一些抽象的图标。

虽然表现方式不是一个优秀游戏必不可少的要素，但它的确能体现一些明显优势，包括几个方面。

1. 使游戏易于掌握、理解和印象深刻

我们每个人都从日常生活积累了多年的知识，这是数量巨大的知识库。游戏设计者可以利用这个知识库来使他们的游戏更容易被理解。如果游戏的规则与现实生活的某个系统相似，那包装的表现方式就可以设计成现实生活的仿真系统。由于可以根据现实生活中相似的系统来预知游戏的规则，因此比起只有单纯抽象规则的游戏，玩家在有恰当的表现方式包装的游戏中可以更容易掌握玩法。

例如，在一个旨在让各个圆柱体射出直线指向对方，然后在一个三维的环境中游走的游戏会让人难以明白。这里毫无理由让人假设如果自己的圆柱体被直线射中会有什么坏处。所以玩家必须记住游戏的所有规则，才能很好地理解游戏。

同一个游戏，如果把它包装成未来战士们在进行一个死亡竞赛，这就很好理解了。如果玩家的人物被击中，很明显这是很糟糕的。这个未来世界动作游戏的包装创造了游戏和科幻小说的联系。一个微小的生命值变动跟真实的受伤和死亡联系起来，这很明显地意味着不利。因此没有一款第一人称射击游戏在指南中会不断提醒你需要避免被杀，经过表现方式的包装让这显而易见。

2. 引导情节产生

人们都喜欢精彩的故事。我们都喜欢听这些故事，观看这些故事，并参与到其中。游戏表现方式的第二个作用就是满足人们对故事情节的需求。表现方式包装通过几种方法达到以上目的。

最常见的情形是表现方式让设计师可以把一个故事直接结合在设计中。很多游戏都有一系列顺序的(或者大致按顺序的)挑战引导玩家扮演的角色走向预设的故事情节。在所有类型游戏的设计中这都是一个行之有效的基本应用。

满足人们对故事情节需要的另一个方法是引导玩家下意识地在游戏里演绎他自己的故事。有些玩家希望可以自己编故事，现今的“游戏电影”就可以满足玩家这种需求。更重要的是，所有玩家都会下意识地演绎自己的故事情节。下意识地演绎的情节通常比预设的情节更有魅力，因为在某种意义上说，前者更真实，而不是游戏公司的设计部门的产品。

这些故事情节是玩家自己亲身经历和直接创造的。当玩家由于难以置信的好运气或者精湛的技巧从一场激烈的枪战中幸存下来，这会成为一个值得称颂和与其他人分享的故事。这种故事从某种层面上说是真实地发生了，因而更有魅力。

3. 提供角色扮演体验

好的表现方式能让玩家投入游戏角色的扮演。这里所说的角色扮演不仅仅限于角色扮演游戏(RPG)。如果从广义的角度来理解“角色扮演”，可以说所有包含表现方式的游戏都具有角色扮演的元素，即使游戏里没有等级和经验的设定。优秀的表现方式可以让玩家将自己置身于游戏世界里，扮演里面的角色。

电子宠物这种掌上玩具曾经非常流行。它几乎不包含规则：没有最终目的，仅有很少的决策点。但电子宠物的出色之处在于让拥有者可以随意扮演自己喜欢的角色，无论是友爱慈善还是疯狂邪恶。这种角色扮演的魅力令电子宠物一度非常畅销。

扮演的魅力也是那些超真实模拟的游戏能够吸引玩家的原因。比如《锁定：黄牌空战》、《SWAT 3》和《彩虹六号》这些游戏，它们就是建立在模拟现实的基础上的。这些游戏在某种层面上让玩家相信他真的做过如游戏里发生的事情，因此能有效地提供角色扮演的体验。由于这些游戏如此接近真实(至少看起来是这样)，所以玩家很容易投入到游戏的世界里。当虚拟的成就感觉如此真实，这更能令人满足。

4. 增加让人震撼的效果

所谓的“哇”效果，是说人们在看到一些让人震撼的事物时的满足感觉。出色的表现方式可以给人们提供这种满足感。最明显的例子就是新游戏引擎带来的卓越的画面表现。人们更乐于新效果带来的震撼，哪怕这些新效果很快就过时了。这些表现力的开发是有效的市场推广手段，而不是游戏设计的手段，因为表现效果总是日新月异的。

然而，这种“哇”效果也跟故事情节的产生紧密相连。当在游戏中有卓著和不寻常的表现时，如果这些表现能跟现实生活中的卓著和不寻常事例联系起来，就会激发人的满足感。现实生活的事物更能煽情是因为感受更强烈和结果更真实。因此我们可以把那些游戏中有震撼性的事件与现实的相应事件联系起来，让情感冲击更强烈。“我的圆柱不知何故越过 4 个敌对圆柱，最后以破纪录的时间击中目标区域”，明显没有“我喜欢的球员被 4 个人紧紧的防守着，仍然以破纪录的时间达阵得分”效果好。与现实的联系增强了事件的情感冲击。

5. 控制和增加情感冲击

有效运用表现方式，可以使游戏更容易煽动玩家的各种情绪，而且也更易于控制，使效果更强烈，这是只用抽象表现手法所不能做到的。在此我们有必要认识到，规则只是游戏的基础部分，从决策层面来说它的全部只是表现为一系列的选择，而没有其他内容。单独的规则也可以唤起某些情感，但不会很强烈而且表现单一。设计者如果想让玩家体会恐惧、乡愁，或者欢笑，那就需要设计各种表现方式实现这些目的。

例如，《系统震撼 II》是至今为止笔者玩过的最恐惧的游戏。游戏的规则已经很好地制造了惊悚的效果，因为游戏设计令玩家一直都处于易受攻击和窘迫的状态下。焦虑感因为使用了空旷的太空飞船场景和畸形类人怪物作为敌人而得到增强，更让人恐惧。

2.6 关卡与策略

2.6.1 玩家的主动性

把选择机会、挑战或是难题展现给玩家的时候，应努力提供多种解决方案以便满足玩家不同的风格和能力。一些玩家喜欢冒险，另一些则要保守些。一些玩家会谨慎小心地探索整个关卡直到发生战斗；另一些则毫不犹豫地跳进怪物群中射击。有一些玩家会找最直接的路；而另一些则想取巧一些。根据游戏的不同或是游戏类型的不同，玩家的风格也会发生很大变化，首先需要认识这些风格，才能着手开始设计关卡，从而保证设计对每个玩家的不同风格进行衡量，尽量让每个玩家都玩得愉快。

不要假设每个玩家都能掌握这些关卡。特别要注意，当一个玩家不能够找到替代或是最终的过关方法时，就应该检讨这一关卡的难度。人们解决冲突和掌握游戏的能力各异，而且各人的学习能力也不一样，因此可以提供更简单的过关方式，但要令玩家了解如此轻易地结束这个游戏会减少很多乐趣。

2.6.2 玩家的好奇心理

玩家喜欢尝试，喜欢探索。所提供的解决方案、秘密、可供选择的路径等越多，玩家越满意。当玩家能够找到一种看起来不是很明显的解决办法时，会有一种自己很伟大的感觉。玩家总是会脱离所设定的路径，去找些捷径、隐藏的物品或者意料之外的惊喜。设计关卡时最好考虑到玩家的这种想法，想想能给什么。当玩家问“这样……如何？”时，关卡可以说“对，可以这样”。

没有什么比在游戏中经历了种种挑战，思考了各种解决办法到达秘密地点却不提供任何奖励更令人灰心的了。玩家会尝试与任何事物发生联系，如果不能满足这种互动感，或者游戏中的物品没有任何作用，再或者让玩家长时间地考虑所提供的是干什么的，这款游戏就是失败的。总之一句话，不要让玩家有一种得不偿失的感觉。

多次失败会令玩家退出游戏或是彻底失望，也可能很深地伤到自尊，离开游戏的决心会更加坚定。如果最后做到了，却发现上面没有任何东西，关卡和关卡设计师都会成为诅咒的对象。所以，当设计和测试关卡时，注意避免这一类的“玩家黑洞”。应该给那些付出额外努力的玩家以奖励。

2.6.3 关卡步调

步调是冲突和紧张感的节奏。就像经常在故事和电影中看到的。不安感在玩家逐渐发现论题的时候展开，直到对立面出现前都一直持续，然后是一阵轻松。(或者玩家彻底失败，转而重新开始这一关。)

因为游戏是互动的，要在关卡中引入一个特定的步调显得特别困难，玩家总是背离设计者的初衷。可能不按设计者的规矩办事，或者是消磨太多时间，又或者会在玩家玩得慢的时候特别容易而在玩得快的时候特别难。关卡设计师需要在不将互动性消磨殆尽的前提下对这些情况做出预防或是改善。

时间限制所能带来的紧张感是玩家能够立刻察觉到的。时间限制能够迫使玩家更快地移动，或是采用关卡设计师希望玩家使用的战术，比如分散兵力来达到多个目标。可以在关卡中放入人为的时间限制，像任务时间、解谜倒计时、或者回合时间限制等；也可以放入实时的时间限制(时间点)，例如特定的敌人或援军到达特定地点的时间点，或是敌人最终击垮防御的时间点。

限制玩家在一个回合内能够移动的距离或是移动的速度能够极大地影响游戏节奏。当无法在关卡中修改这些的时候，可以设计一个类似于 Tetris (俄罗斯方块)的谜题，或者是采用其他方式来影响速度。一般而言，地形会影响速度，比如沼泽地很难走快，而高速路上则行走如飞，又或者曲折的道路也能够减慢进度。不同的移动速度或是移动上的限制都能够影响游戏节奏。也可以依靠改变敌人的速度来改变节奏，建立一种紧张感。使用不同的方法来控制速度，就可以在关卡里面控制玩家的节奏。

2.6.4　关卡的延续

要让玩家长久地留在游戏中就要一点一点地把游戏的资源(assets)展现给他。游戏的资源包括了地形物体、敌我单位、科技树、谜题等。所有游戏(不包括那些最简单的)的资源都是一点一点地提供给玩家，而非一下全都拿出来的，以保持玩家进入下一个关卡的乐趣。主策划通常会对关卡中应该出现的新东西进行一定的指导，努力将这些新东西作为关卡或是玩家的游戏过程中的核心部分。对这些的介绍应该显著且生动，描绘出独一无二的面貌。

2.6.5　挑战玩家

一个关卡如果一帆风顺就可以通过是满足不了玩家的，所以必须提供可以考验勇气和智慧的内容。要迎合不同的需要，也就包括了具有高级技巧和知识的玩家。关卡安排在什么“时段”或是“进度”，决定了关卡的难度。在最初几个关卡，玩家学习如何玩游戏，因此这些关卡要容易一些；最后的关卡应该是最难的，需要玩家使用高级技巧。

2.7　分镜头与交互

2.7.1　游戏故事的交互性结构

由于游戏的故事是交互式的，因此不能像小说或其他艺术形式那样进行一种单向的讲述，所以如何处理玩家的操作对故事的发展所带来的影响将是非常重要的一点。如果没有任何限制，那么故事的发展可能很快就成为不可预期的结果。这样的形式就如同现在流行的网络游戏，其中的故事只有涉及的玩家才真正清楚。但是这样的结果也许并不是一个希望有明确结果的非网络游戏所希望看到的。但是反过来，如果一款游戏不允许玩家进行多种选择，那么这个故事将会非常地乏味，也缺乏交互性。

2.7.2　交互性剧情设计

可以在游戏的剧情中设计多种可能性。 当然，一个交互性的故事剧情是和交互性的游戏紧密相关的，如果游戏本身只提供给玩家很少的选择机会，那么玩家基本没有可能去经历剧情设计中的一些情节。交互性的剧情要求更为复杂的设计和开发，有些时候就会被游戏设计小组所忽略。

2.7.3　交互性的结构设计

多层(并列/平行)矛盾设置：所谓多层矛盾设置，是指将若干个小的悬念和冲突同时给玩家，这些矛盾的解决没有先后顺序，玩家可以按照自己的想法选择完成次序。当玩家完成所有的悬念和冲突之后，可以完成一个相对完整的任务。

连环矛盾设置：在构思和安排情节的过程中，有可能一次只给出一个矛盾和冲突，等玩家解决完矛盾和冲突之后，再将下一个矛盾和冲突显示给玩家，这种方法叫连环矛盾设置。

分支矛盾设置：所谓的分支矛盾设置，是指在解决前一个冲突的时候，安排下一个矛盾冲突，为情节的下一步的进展做好铺垫。

2.7.4　多种解决问题的途径

一个设计优秀的游戏应该提供给玩家多种解决问题的途径，允许玩家提出自己的解决方法。每个玩家解决同一种情况时所考虑的方法都会不一样，假设这些方法都是合理的，那么游戏就应该允许他们这么去解决问题。

2.7.5　真正的互动故事

游戏故事尽量要设计成有比较多的互动性，而不是完全被定义好，仅有唯一玩法或模式，真正的互动故事应该是玩家真正影响故事的发展，不过这在游戏中还没有实际的例子。

2.8　策划案书写要求

2.8.1　策划案规范书写的作用

策划案是将想法传达给其他部门了解的表现方式和传递介质，从这个方面来讲，在做策划案的时候就一定要起到给对方传达信息并令其了解的作用，仅仅做到让对方知会，只是策划案极为基础的部分，关键在于如何通过策划案让对方能清晰地了解整个过程。

将一件事情通过任何手段传递给另一个人的时候，都不能保证对方获知后不会出现偏差，尤其当传递过程增多后，那么最初所传达的内容可能到最后一个知会人的口中，变成毫不相关的另一回事。那么如何保证传达内容的不变形是在做策划案中所必须要考虑的。

2.8.2　策划的根本目的

策划的根本目的是将一个想法变为可以实现的内容，交由程序、美术等其他部门进行实现，在这个方面，需要策划案内容必须完整，表达必须准确，同时也必须有条理性。

1. 内容完整

内容的完整性是指必须将自己的想法没有疏漏地包含在策划案中，可以允许自己的想法不完善，但不允许对自己想法的书写有遗漏。保证完整地传递自己的想法，使得其他部门的成员可以全盘了解策划的想法。

2. 表达准确

表达的准确性是指在书写的过程中要减少和避免出现有歧义的描述或者模糊叙述，不确定的字词(如或许、可能、大概、也许等)是不应该出现在策划案中的，策划需要足够的自信，这种自信并不是狂妄。要知道，一个字词的理解偏差将可能引起他人对整个内容的彻底理解错误。同时要尽量避免使用容易出现理解混乱的用词，比如“完成”和“结束”，在一般的理解中两者是可以通用的，但在策划案中，结束并不一定就表示完成。而一旦出现无法避免使用这样字词的情况，应该做特别的说明，用以区别。例如在任务中经常用到“轮”和“次”这两词，10 次任务算一轮，那么在这种情况下，就需要进行明确的说明，甚至有必要单独地将这两个概念提出来加以说明。策划的表达越准确，其他部门在制作中出现的偏差就会越小，从而保证整体的质量和进度。

3. 书写条理

条理性是指在书写过程中，条理清晰、内容有序、上下衔接性好。阅读的流畅性直接影响对整个内容的了解程度。仅做到内容完整、表达准确这两条，但内容书写混乱，所有的东西相互穿插，好几个部分的内容相互混杂在一起，仍然会对其他人的阅读造成很大的困扰，导致对一些内容阅读疏漏，具体开发人员阅读后仍然会出现和内容不完整或表达不准确的问题。

从上面这三个方面可以看出策划案在整个制作过程中起着指导内容、明确目的的作用。

当然策划案不单单起这样的作用，制作完成后，策划案就是整个制作完成后的备案，在以后的查阅中提供说明，而且当有人员变动后，新接手的成员也可以通过策划案迅速并详尽地了解其内容。在制作完成后，如果因某些原因需要进行修改，那么原策划案也可起到方便快速检索的作用。

2.8.3　文案规范化的基本要求

在文案规范化方面，必须要求策划案撰写得足够详细，将所有的内容细节化，使得在日后的查阅中也能清晰地了解当初设计的意图和理由。

策划案需要具备直观的表达手段，使得阅读者可以快速了解整个策划案的大致内容。这些手段可以是文字、数字、图形或者其他，用这些方式将这个策划案变得立体起来，方便对整个策划案的内容把握。

针对整体内容中的某一个部分，要可以方便快速地查阅或进行修改，而不至于需要从整个文档的开头一直看到结尾才能了解某一个部分的内容，或才能完成对某一个部分的修改。

综上所述，可以对策划案的撰写做出这样一个规范化的基本要求：

(1) 内容的完整性，保证策划思想的完整表达；

(2) 内容的准确性，保证策划思想可以最大程度地被继承；

(3) 内容的条理性，保证阅读的流畅，减少阅读引起的遗漏；

(4) 内容的细节化，保证所有的部分、元素都可以找到详细的说明和描述；

(5) 多种手段的表达，保证策划内容更加完善和立体，加强对内容的把握；

(6) 合理的内容分块，保证查阅和修改的便捷性。

遵循这些要求去书写，至少可以保证策划案在书写方面是合格的，这和策划想法的好坏并无关系。易于阅读、理解、把握和继承是做一个策划案所必须遵守的要求。

针对不同类型的策划案，其格式也各不相同，但基本都遵循着这些要求。

游戏策划案模板参见附录A。

习 题

1. 创意说明书的主要内容有哪些?
2. 关卡设计应注意哪些问题?
3. 为什么人们要玩游戏?
4. 构成网络游戏主要有哪几个方面的要素?

第 3 章　游戏艺术设计

3.1　游戏艺术设计的内涵

艺术设计在当代人类的生活中显示出越来越重要的意义。人的任何活动都不同程度地具有美的因素。设计作为人的创造性活动，其根本目的是满足人们物质生活和精神生活的需要，提高生活品质。因此，设计需要按照艺术美和技术美的原则进行。

本书中所指的游戏艺术设计并非艺术设计学科在游戏领域的一个分支，而是指游戏开发过程中涉及到的与艺术领域相关的内容。游戏艺术设计是工程技术与美学艺术相结合的新设计体系，不同于纯艺术的是，它首先应该考虑产品对人的心理和生理的作用，从而提高产品在市场上的竞争力。由此，我们将游戏艺术设计分为两大部分，即基于视觉领域的游戏艺术设计和基于听觉领域的游戏艺术设计。前者解决游戏中与视觉相关元素的创设，包括游戏场景设计、角色设计、界面设计、特效设计、动画设计等；后者主要包括声效、配音、配乐等。

3.1.1　视觉领域游戏艺术设计

视觉领域的游戏艺术设计是游戏中所有可视部分设计的总称，按照目前行业划分习惯，可将其分为游戏道具设计、场景设计、角色设计、界面设计、特效设计和动画设计。

游戏道具指在游戏过程中使用或装备的物品，大致可以分为三种：使用类、装备类和情节类。使用类的如食物、药品，装备类的如盔甲、服装，情节类的如信件、钥匙等。游戏场景是指运行在游戏中的主控角色可以到达的场地。广义地说，游戏中除了角色造型以外的一切物的造型设计都属于场景，一般包括自然场景，如山川、树木、河流、海洋、地面等以及人工场景，如建筑、道路、相关搭配景物等。对于任何一款游戏来说，场景的设计和制作都是工作量最大的工作内容之一。与场景设计相比，角色设计更加注重角色造型的生动及角色性格的体现。在游戏作品中，角色是由导演、策划以及角色设计师共同塑造完成的。可以说，一款游戏的角色是否吸引玩家，是其成功与否的重要条件。此外，玩家在游戏中看到的非凡绚烂的法术场景、魔法攻击时的视觉效果以及自然界现象的模拟再现，比如爆炸、打雷、下雨、下雪、水的流动现象等是游戏特效应用的常见案例。游戏特效一般包括动作特效、场景特效、粒子特效以及部分的影视特效，用以配合角色动作，烘托游戏气氛，增加玩家体验中的沉浸感。动画是游戏中另一个不可缺少的元素，主要出现在游戏开头、结尾或各关卡之间，用以介绍游戏背景，说明游戏结局或为玩家提示下一阶段的相关信息。此外，动画还包括游戏角色的各种动作设计，常见的有行走、奔跑、飞行、打斗等。除此之外，作为人机交互桥梁存在的视觉领域元素——游戏界面同样占有举足轻重的地位。本书中所指的游戏界面概念是从图形界面的视觉设计角度，结合游戏操作的独特性总结而来。概括地说，游戏界面是在游戏整体设计战略指导下，为实现玩家与游戏良好的信息互递，选择最佳的操作组合，用图形、图像、文字、图表等视觉元素组成的具有良好易用性的和页面版式的视觉艺术形式。

由于上述各类游戏艺术类别均属于视觉领域范畴，因此必须遵循视觉设计的设计流程及相应的设计原则。从设计流程上来看，它们都是在游戏设计文档的指导下，遵循统一的游戏画面风格，设计出适合的造型，配合恰当的色彩及纹理，再通过工具软件制作成符合程序调用要求的模型、纹理等文件。

视觉领域游戏艺术设计需要遵循的通用视觉原则包含和谐、比例与尺度和节奏韵律三个方面。

和谐是美的基本特征，它超越了整齐一律、平衡对称，也超越了有规律的变，是更加自由的“对立与统一”。和谐原则可以使单调的丰富起来，使复杂的一致起来。常用的方法有两种：一种是调和——由相似、相同、相近的因素有规律地组合，把差异面的对比度降到低限度，从而使构成的整体有很明显的一致性；另一种是对比——以相异、相悖的因素组合，各因素间的对立达到可以接纳的高限度。这两种方法在游戏角色设计中常被使用。一款游戏包含大量的角色，无论是玩家角色还是非玩家角色(NPC)，具有众多角色类型，角色的性格、外貌、心理等诸多因素都有或大或小的差异，为使其调和在一个完整的游戏系统中，角色设计必须找到相似、相同、相近的因素，如时代背景、游戏风格等，使其统一其中，同时应注意各角色间的差异，设计出具有鲜明性格特征及与性格相适应的角色造型。

比例和尺度作为与数相关的规律同样在游戏艺术设计的视觉领域得到广泛应用。比例是对象各部分之间、各部分与整体之间的大小关系，以及各部分与细部之间的比较关系，而尺度是对象的整体或局部与人的生理或人所习见的某种特定标准之间的大小关系。由于游戏多追求绚丽、刺激的画面效果，部分场景、角色、道具在比例尺度上做了适当的夸张、变型，而不是完全参照现实世界的比例、尺度。当然，一些基本的比例尺度规则，如人体的黄金分割比、建筑与角色的高度与体积比例、游戏界面平面空间的划分比例等仍然是造型的比例尺寸的重要参照。

节奏是规律性的重复。节奏在音乐中被定义为“互相连接的音，所经时间的秩序”，在造型艺术中则被认为是反复的形态和构造。韵律是节奏的变化形式。它变节奏的等距间隔为几何级数的变化间隔，赋予重复的音节或图形以强弱起伏、抑扬顿挫的规律变化，就会产生优美的律动感。

3.1.2　听觉领域的艺术设计

本节中所指的听觉艺术设计是从听觉的角度对游戏的内涵进行阐述。作为一门综合艺术，视觉、听觉是游戏中缺一不可的重要元素。在游戏界，游戏听觉传达艺术设计一般被称为游戏音效。

游戏音效主要包括声效、配乐、配音三大类，这三大类构成了玩家在游戏中可听到的所有声音。随着游戏的产业化发展，游戏制作技术发生了巨大的变化。现在音效制作人可以便捷地在最先进的合成器上，像用自己的乐器一样，选用大型交响乐团中的每一种乐器来演奏。而困难只是如何将这些动听的音乐运用于游戏。同样，面对成千上万种能很好模拟现实中声响的声效，对游戏音效制作人的挑战莫过于在游戏中成功地实现它们。为了更好地协调音效艺术与整个游戏的关系，下面将从三个方面分别介绍游戏音效。

1. 声效

声音分为乐音和噪音，这是根据空气分子在空气中的振动规律得来的两种类别，规律性振动为乐音，而无规律性振动为噪音，这里说的“声效”即为噪音。噪音是不加任何人为修饰的自然声响，因此游戏中的大部分环境声效用得都是自然界采集的声响。如果原始声效表现力欠佳，那么借助软件可以对其效果进行优化。

但也有一部分声效是需要人为创造的，比如魔法声效。魔法是人为杜撰的，自然界当然也不存在现成的声效，这就给声效设计师出了难题，不过随着音频编辑软件的发展，强大的编辑合成能力已不容小视，设计师们常用的解决方法有三种：一种是直接弹奏电声乐器采集声音，或直接用软件中的电子合成声音来实现；一种是通过构想，录制身边的物品碰撞摩擦产生的声响，再用音频编辑软件做混音等处理；还有一种就是直接把多种自然界声响合成为一种独特的声效，以符合所需效果。

声效制作靠的是对声音的敏感度和天马行空的想象力。因此，想制作出色的声效，首先要有一副“好耳朵”，要去聆听或留心身边的各种声响，听取那些被别人忽略的声音；其次要培养拟音技巧，为能创造出营造甚至提升整个作品氛围的声效做好准备。

2. 配乐

相对“声效”来说，配乐即为乐音的创作与制作，由于有了“配”的前提，因此具备了“量身定做”的特性，即根据游戏的需要创作音乐。音乐是日常生活的一部分，一直以来也是游戏中不可或缺的重要元素。音乐在游戏中的作用主要是作为游戏的陪衬，烘托游戏气氛，唤起玩家的情绪，以此增加玩家的沉浸感。

今天，游戏配乐已经发展成为一种独特的艺术形式。游戏音乐的质量不断提高，卓越的游戏音乐 CD 的发布，使它们都已经具备了夺得音乐界大奖的潜力，这就带给游戏音乐作品和电视电影音乐作品同等的地位。

评价游戏音乐优劣的一项重要标准是玩家在游戏体验过程中，是否通过感受游戏音乐增强了他们的沉浸感。游戏配乐和电影配乐虽然在功能方面非常相近，但本质上是两种完全不同的艺术形式。电影情节的发展是线性的，而游戏不是。在游戏中，主角由玩家控制，何时何地采取什么行动完全无法预测，所以通常是为动作选配声效而很少用音乐来配合。此外，游戏角色往往要频繁地出入各个场景，接触各类角色，并推动情节发展，所以音乐几乎不可能用类似电影音乐的手法衬着情节走。一般的方法是按场景配乐，只有特别的情节才会加入特别的情节音乐。但是按照场景配乐会遇到一个问题，这样做必须要求音乐可以循环播放，而且不能有特别的戏剧冲突。因此，实际上游戏背景音乐在制作之前就已经被定位为一段无始无终、平淡无味的音乐了。现在只能在这个基础上让它尽量的动听。

由此看来，为游戏配乐是个很有挑战性的工作，要保证游戏的耐玩性，其中有一点就是要保证游戏配乐的耐听性。随着游戏公司对配乐的逐步重视，目前优秀的游戏配乐不胜枚举，相信吸取成功游戏的经验加上自身的努力，一定能创作出让玩家满意的音乐作品。

3. 配音

配音主要分角色配音和旁白两部分。相对旁白，角色配音的工作量最大，因为旁白是事先预设好的语言，几乎没有变数，只要在游戏进入到某一阶段或某一场景时触发这段旁白即可。而角色配音就不同了，游戏角色语言的生动程度取决于语言的多变性，正如生活中每个人都不会每天每时每刻说同样的话，即使遇到同样的情境也一样。人物的个性、语言环境、事发情境等因素都会改变角色语言。因此要想在游戏中使玩家更身临其境，就需要制作出更具真实感的高水准的互动配音。

下面举一个实例，在为 XBOX360 量身打造的游戏《光环 3》中，音效组总共准备了约 35 000 句战斗对白。这几乎是个荒谬的数据，但制作人员的目的就是想包括所有可能发生的情形。音效部门的一个制作人说道："好比玩家刚过河，就触发了一句对白。玩家也许想对战友说'目标在视线内！'或者'注意重装甲兵！'但并不是每次都在同一时间发生，所以目前基本上有三种对白，电影对白、执行任务对白、还有战斗对白。"

综上所述，优秀的游戏配音应当具备良好的互动性及强烈的真实体验感。

4. 声音系统

音效的三部分内容全部完成后，就要交给声音系统来调节合成了。声音系统是个相当复杂的系统。举个例子，如果一颗手榴弹在玩家身旁爆炸，同时有一个人在身旁说话，声音系统就要决定它们的音量。这一步骤要把所有不同类的声音调成不同的百分比，音效制作部必须相信声音系统工程师的每个决定都是正确的。声音系统的作用是分析什么时候该触发什么样的音效，比如随着游戏的进度，声音系统会做如下不间断分析："声音分析、无声"、"声音分析、目标"、"声音分析、颗粒效果"、"声音分析、战斗对白"、"声音分析、武器启动"、"声音分析、环境声"、"声音分析、终级混音"。

声音系统可以实现音效部门努力的终极目标，即能够最终满足玩家的听觉要求，当玩家回顾时觉得音效为自己的游戏体验加分了，这就是令每个音效制作人最欣慰的结果。

3.2 基本技法与工具软件

从游戏艺术设计开发所用技术及工具来看，可以将其按照工作类别分为三个部分，即手绘、建模、音频及其相应的工具软件。

3.2.1 手绘与工具软件

在游戏艺术设计的视觉领域，需要以手绘方式完成的工作主要是游戏原画以及角色、场景的贴图，常用的工具软件包括 Photoshop、Painter、ZBrush 和 BodyPaint。其中可以用于原画绘制的是 Painter 和 Photoshop，用于贴图绘制的是 ZBrush、BodyPaint 以及 Photoshop。

1. Painter

Painter 是加拿大 Corel 公司旗下的一款图形图像软件，因其丰富的笔刷可以模仿出真实多样的画面效果而备受数码手绘艺术家的欢迎。作为专业数字绘画软件，Painter 拥有上百种绘画工具，其中的多种笔刷提供了重新定义样式、墨水流量、压感以及设置纸张的穿透力等功能。此外，Painter 中的滤镜主要针对纹理与光照，可以处理出独特风格的画面效果，如中国画风格。

在运用 Painter 绘制原画时，需要认识到原画在整个游戏艺术设计制作工作中的重要作用。一般来说，游戏原画的主要功用是完成游戏策划对游戏角色、场景等元素由文字描述向图形描绘的转换。它是游戏原画设计师对整个游戏策划的视觉方面的理解和表达。从职业的角度看，游戏原画设计师需要熟悉整个工作流程，能够与 3D 设计师进行良好的沟通，在把握游戏整体风格的基础上，考虑元素的重用性，以减少 3D 设计师的工作量(如模型的重复使用)。

而用 Painter 进行原画绘制的步骤与传统的纸面绘画基本类似，都是首先大致画出物体比例、结构，接着细化特征、上色、调整，最终完成整张作品。

2. Photoshop

另一款常用于原画绘制的工具软件是 Photoshop。Photoshop 是 Adobe 公司旗下最为出名的图像处理软件之一。图像处理是指对已有的位图图像进行编辑加工处理以及运用一些特殊效果的操作，其重点在于对图像的处理加工。从功能上看，Photoshop 可分为图像编辑、图像合成、校色调色及特效制作部分。图像编辑是图像处理的基础，可以对图像做各种变换如放大、缩小、旋转、倾斜、镜像、透视等；也可进行复制、去除斑点、修补、修饰图像的残损等。图像合成则是将几幅图像通过图层操作、工具应用合成完整的、传达明确意义的图像。校色调色是 Photoshop 中强大的功能之一，可方便快捷地对图像的颜色进行明暗、色变的调整和校正。特效制作在 Photoshop 中主要由滤镜、通道及工具综合应用完成，包括图像的特效创意和特效字的制作，如油画、浮雕、石膏画、素描等常用的传统美术技巧都可藉由 Photoshop 特效完成。与 Painter 类似，用 Photoshop 完成原画绘制工作的步骤与传统纸面绘画步骤相同，在此就不再赘述。Photoshop 的默认工作界面如图 3-1(见彩页)所示。

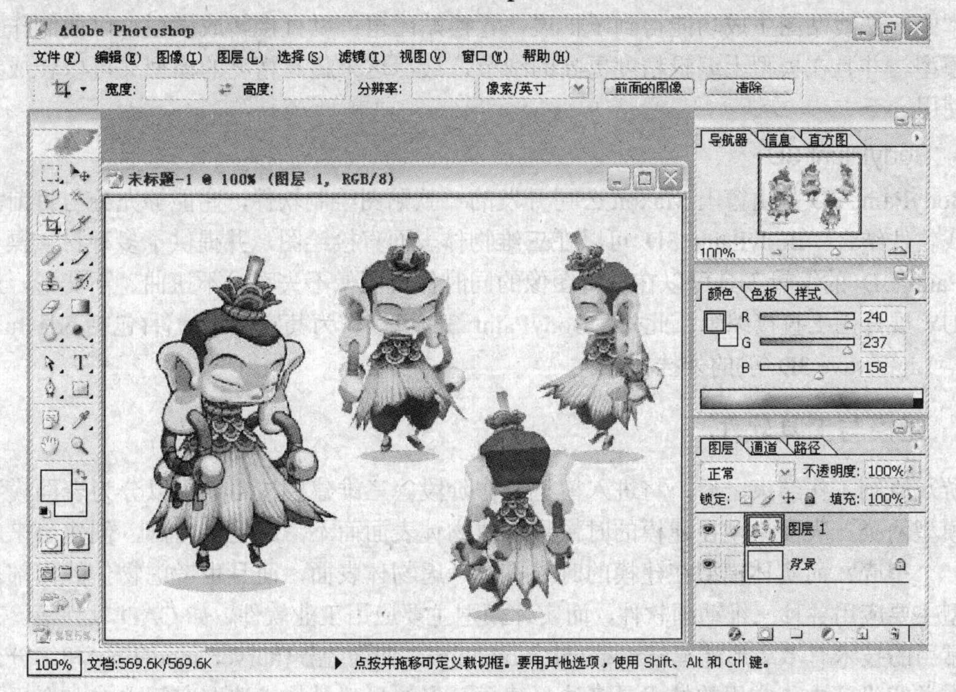

图 3-1　Photoshop 工作界面

此外，Photoshop 还广泛应用于贴图的绘制。贴图可以表现出角色、场景、道具等元素的细节、灯光效果以及折射、反射、凹凸等材质属性。由于游戏引擎的原因，在以前很多游戏开发中，引擎曾表现过“自发光、凹凸、半透明”等少量属性，而随着引擎的不断发展与机器硬件的不断升级，今后的游戏开发逐渐会表现出更多的材质属性。高精度制作的复合纹理，也许会用到众多参数来控制一张贴图，而这些参数在游戏制作中又需要通过一张贴图的绘制反映出物体的体积感、质感、光感等基本特性。

3. ZBrush

ZBrush 是一个强有力的数字艺术创造工具，它是根据世界领先的特效工作室和全世界范围内的游戏设计者的需要开发的，采用传统和数字创作结合的方式。ZBrush 提供了极其优秀的功能和特色，可以极大地增强使用者的创造力。使用 ZBrush 强大高效的笔刷绘画工具，不管是进行建模还是纹理制作，都能为使用者创作出震撼人心的作品。

1) 传统的二维绘画工具

ZBrush 可以用多种样式的笔触进行绘制，同时能够改变色相、明度、饱和度、修改阴影和亮度区域，每种绘图工具都有独立的修改器，调节它们能得到更多的效果。

2) 置换贴图和法线贴图

虽然 ZBrush 可以在它的操作环境下直接呈现极高精度的模型，但是其他的软件不一定支持到这么多的模型面数，因此 ZBrush 提供的置换和法线贴图输出功能就很有价值。

ZBrush 的置换贴图和法线贴图已经是非常成熟的技术了，能在相对短的时间内取得最佳的效果，从而大大降低制作成本。这两种贴图可以在制作后输出给动画制作软件或是游戏引擎，然后用低精度的模型计算出高精度的品质。

ZBrush 可将凹凸贴图转换为法线贴图，使操作更为简洁、迅速和直接。而 2.5 版及后续版本中，法线贴图生成功能得到了扩展，置换贴图也可以直接转成模型，以便制作更精细的模型，并且在模型上编辑精度更高的细节，最后这个超高精度的模型又可以转成置换贴图使用。

4. BodyPaint 3D

BodyPaint 3D 是由德国 Maxon 公司开发的一款贴图绘制软件，它能够充分与目前的动画游戏软件结合。BodyPaint 3D 可以在三维物体表面直接绘图，并提供了多种材质操作。BodyPaint 3D 的编辑工具可以在编辑图像的同时保持图像不失真、不扭曲、不变形，还可以在 UV 展开图上直接编辑。此外，BodyPaint 3D 可以作为其它三维软件(包括 3ds max、Maya、Lightwave 3D 等)的外挂插件。

3.2.2　建模与工具软件

游戏原画工作结束之后，将进入模型制作阶段。三维建模按用途可以分为表面模型和实体模型两类。表面模型在建模的时候只创建物体表面而不考虑物体内部，创建出来的物体是一个空壳；而实体模型在建模的时候不只考虑物体表面，而且也考虑物体的内部。表面模型主要应用各种三维动画软件，而实体模型主要应用工业软件，如 CAD 软件等。三维建模常用的技术有多边形建模(polygonal modeling)、曲面建模(nurver modeling)和细分建模等，在游戏设计中，常用的技术是多边形建模。多边形建模技术选取空间中的一个平面上的几个顶点，用线段将这些点首尾相连形成封闭的多边形，这些线段所围成的面就是多边形面。多边形建模是调整顶点位置的建模形式，这种模型的最大优势是建模技术要求不高，容易掌握，面数较其他建模形式容易控制，比较适合建立结构复杂的模型。这种形式是游戏唯一支持的模型类型。在游戏建模中，常用的工具软件有 3ds max 和 Maya。

1. 3ds max

3ds max 由 Autodesk 公司出品，广泛应用于广告、影视、工业设计、建筑设计、多媒体制作、游戏、辅助教学以及工程可视化等领域。3ds max 软件的强项在于它的多边形工具组件和 UV 坐标贴图的调节能力。对于游戏和建筑领域来说，3ds max 软件是一个最有用、最值得学习的软件。尽管它价格较高，但是对于这样一个高端的软件包，其技术支持和丰富的插件程序，以及方便可得的各种学习资源来说，还是非常值得的。3ds max 软件的用户界面非常具有逻辑性，条理清楚，不易混淆。3ds max 工作界面如图 3-2(见彩页)所示。

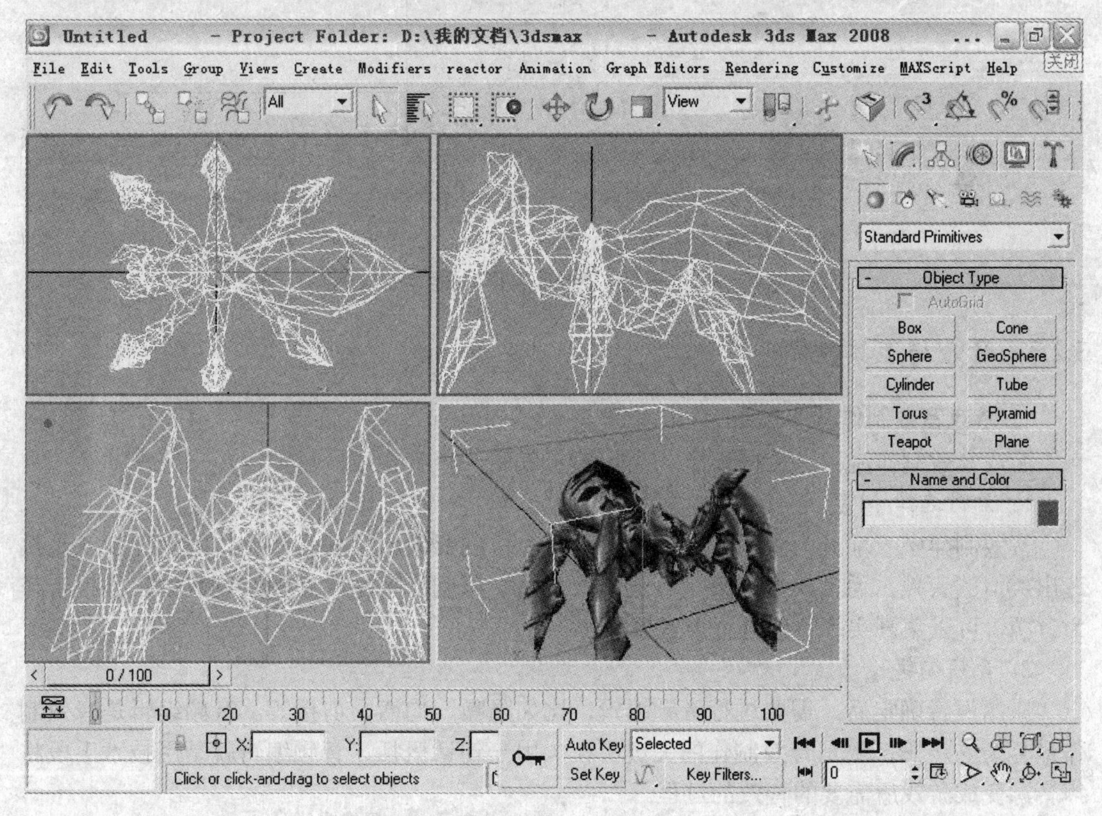

图 3-2　3ds max 工作界面

2. Maya

Maya 是目前最为流行的顶级三维软件之一，由加拿大 Alias Wavefront 公司开发，它集结了建模、渲染、动画、绘图软件等多项功能于一身，继承了 Alias 所有的工作站级优秀软件的特性，具有灵活、快捷、准确、专业、可扩展、可调性的优点。从工作流程来看，Maya 同 3ds max 一样，都是先用几何体 box 制作出物体的大体造型，再对模型进行细化及细节的制作。Maya 的工作界面如图 3-3 所示。

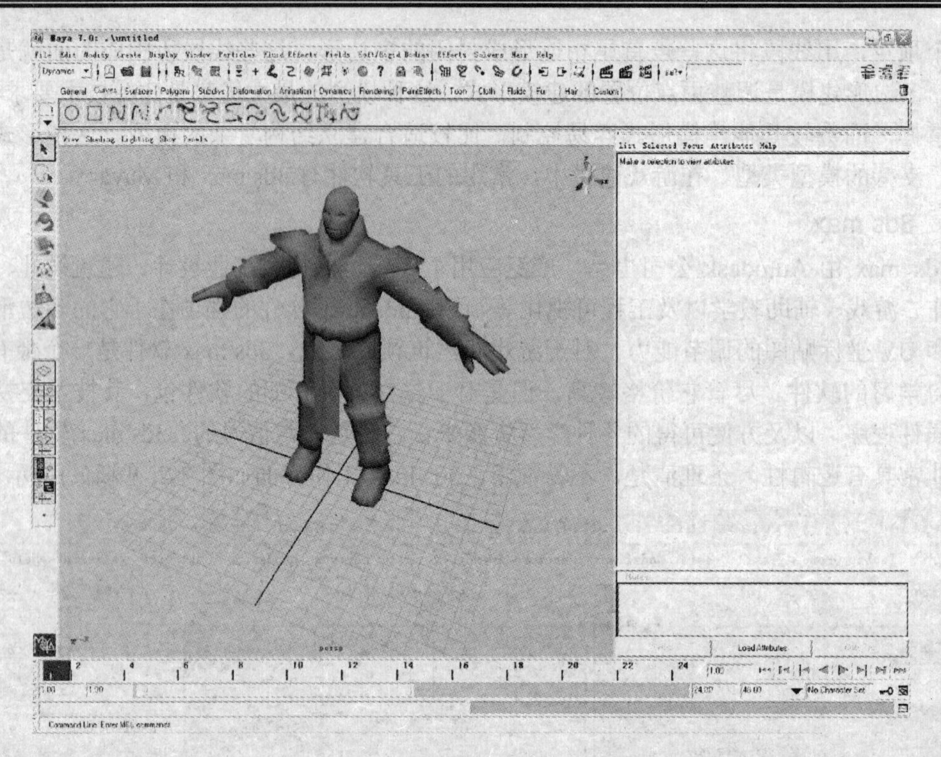

图 3-3　Maya 工作界面

3.2.3　音效与工具软件

1. 游戏音效制作基本技法

游戏音效制作流程：素材选择/拟音—音频编辑—声音合成—后期混音—完成。

1) 素材选择/拟音

音效制作中一部分为素材音效，另一部分为原创音效。素材音效制作的第一步就是挑选出类似的音效，通常挑选出多个备选音效备用；原创音效由录音棚录制或由户外拟音作为音源，可采集真实声音或进行声音模拟。

2) 音频编辑

原始声音确定后，需要进行音频编辑，比如降噪、均衡、剪接等。音频编辑是音效制作最复杂的步骤，也是音效制作的关键所在。用一句话概括，音频编辑就是用技术手段将声音源变成游戏所需要的音效的过程。

3) 声音合成

很多音效都不是单一的元素，需要对多个元素进行合成。比如被攻击的音效可能会由刀砍和死亡的声音组成。合成不仅仅是将两个音轨放在一起，还需要对元素位置、均衡等多方面进行调整统一。

4) 后期处理

后期处理是指对一部游戏的所有音效进行统一处理，使所有音效达到统一的过程。通常音效数量较庞大，制作周期较长，往往前后制作的音效会有一些听觉上的出入，这就需要后期处理来使其达到统一。此外还可以根据游戏需求，对所有音效进行全局处理，比如游戏风格比较暗，就可以将音效统一削减一些高频以配合游戏的整体风格。

2. 游戏音效制作工具软件

制作游戏音效的设备包括高性能电脑或专用音频工作站、专业音频接口(好的声卡不仅音色出众，而且能解决声音延迟的问题)、显示器(双显示器可以将视频与音频分开显示，更方便同步配音效)、调音台(也可用控制台替代)、MIDI 键盘(合成器)、硬件效果器、监听音箱等。另外，有一些特殊音效是由旋律组成的，这种音效更像是一小段音乐，就需要使用键盘按照音乐制作的方式进行制作。音效制作室可根据工作需求和资金投入来确定方向，比如高级的音效制作室需要设立专用录音棚(见图 3-4)进行拟音，而小规模的制作室只需进行基本的吸音装修。

图 3-4 专业录音棚

1) 音频编辑软件

音频编辑工具包括音频工作站、效果插件(混响器、均衡器、音调控制器、特殊效果器等)、环绕声软件、音视频合成软件等，常用的音频编辑软件有 Audition、Vegas、Nuendo、LogicAudio、Samplitude、Sonar、SoundForge、Wavelab 等。

2) 音频编辑插件

常用的音频编辑插件套件有 Wave、TC works、Voxengo、UltraFunk、T-Racks 等。随着机算机技术的发展，越来越多的音频编辑工作开始转移到直观、方便的软件平台上来操作。上面提到的工具平台和效果插件各具特色，需要依个人操作习惯和所满足的硬件条件等各方面来选择使用。

3) 声效素材库

声效素材库是音效制作的素材来源，素材库综合了地球上大部分自然发声和地球上不存在的电子声或特殊音效，除了一部分原创音效以外，大部分音效可以通过对素材进行剪辑、再合成、效果处理三步得以实现。目前世界上最专业、最全面、最广泛应用于电影、广告、游戏的音效素材库有 Sound Ideas General 6000 SoundFX Library、Hollywood Edge、Bigfish soundscan、Lucasfilm SoundFX Library 系列套装音效库等。

综上所述，软硬件平台是较容易实现的目标，具备了这些音效制作环境后，就需要静下心来认真对待每一段音乐。用一句话来总结："音效工作室提供了除灵感以外的一切。"

3.3　游戏界面设计

3.3.1　游戏界面设计的含义

界面，又称人机界面(Human-Computer Interface)或用户界面(User Interface)，是人与机器之间信息互递的平台。在计算机中，界面是指软、硬件系统中的用户可见部分，包括软件界面和硬件界面两部分，前者包括可在屏幕上出现的图像、文字、图标、窗口等元素，后者指键盘、鼠标、手柄等外部输出/输入设备。本节中的界面属于软件界面范畴。从软件交互界面的发展历程看，经历了早期的以文字为基础的命令语言交互阶段和目前广泛应用的图形用户界面(Graphical User Interface)以及下一代尚在发展完善阶段的，基于图形用户界面基础，集成交互多媒体，如动作、三维图像等元素的软件交互界面。

从设计角度看，图形用户界面包括两个方面：交互设计和界面视觉设计。交互设计主要解决软件易用性问题；界面视觉设计主要从艺术性角度优化用户的视觉感受，提高产品的附加值。

本节讲的游戏界面概念是从图形界面的视觉设计角度结合游戏操作的独特性总结而来的。概括地说，游戏界面是在游戏整体设计战略指导下，为实现玩家与游戏良好的信息互递，选择最佳的操作组合，用图形、图像、文字、图表等视觉元素组成的具有良好易用性和页面版式的视觉艺术形式。

3.3.2　游戏界面设计的分类

游戏界面从设计角度可分为结构设计和视觉设计；从玩家体验过程角度可分为启动界面、主菜单界面、游戏界面、加载界面和操作界面等。

1. 从设计角度分类

1) 结构设计

结构设计又称为概念设计，是游戏界面的骨架。一般通过用户研究与任务分析设计出界面结构，主要对界面中各元素位置做合理分布，对各元素的逻辑关系协调统一。良好的界面结构是具体界面视觉设计的重要参照。常用的界面结构设计方法是线框图。在线框图中，设计者将页面分割成多个部分，并规划出各部分的功能，再为各部分添加相应的元素。线框图的设计不仅需要参照人的视觉规律，如页面中间为视觉中心区，其次是左边，再次是右边，还要注意与玩家已熟悉的习惯保持一致，如保存、退出之类的常用按钮应置于界面中部并易于发现，但并非在视觉中心区的位置。可以说，线框图是通过安排和选择界面元素来整合界面设计，通过放置和安排信息组成部分的优先级来整合信息设计的有效方法。

2) 视觉设计

在结构设计的基础上，即可参照目标群体的心理模型和任务展开视觉设计。游戏界面与其它视觉艺术形式在画面设计原则上有着共同点，如风格统一、色调协调、版面设计合理等，但也存在一定的特殊性，下面着重分析游戏界面视觉设计中的特有原则。

(1) 文字简洁、图标明确。

应避免让玩家去看书面的文字。如果需要的话，试着把文本结合到游戏中，用词要大众化，令玩家容易接受，不用生僻词及专业术语。尽量以图标、图像等形式显示，图标、图像设计需含义准确、识别度高。游戏中的图标、图像通常能够比文本更快且更有效地显示信息。

(2) 同样功能使用同样图形。

为了使玩家更容易适应界面的操作，很多功能相同的地方可以保留原始图形。如游戏中常见的关闭窗口就是典型的 Windows 关闭图标，这样可以大大缩短玩家熟悉界面的时间。

(3) 预先考虑可扩充性。

网络游戏需要不断添加新功能，对界面的需求会不断增加，需要预先考虑好扩充性。

(4) 依据游戏种类进行设计。

要考虑不同的游戏种类对界面的不同要求，以策略类游戏为例，回合制游戏中全屏界面对游戏影响不是很大；而即时制游戏中应尽量不出现全屏界面，能透明的部件要透明，以减少对屏幕的影响。

2. 从玩家体验角度看

1) *启动界面*

启动界面指游戏从程序启动到进入游戏主界面时的画面。启动界面一般包括游戏名称、开发公司名称、背景图片、进度条等信息。策划人员可以根据自己的想象写成设计文档，对美术制作人员提出一个大概要求，比如采用什么样的底色，界面多大，运用什么样的图案等。如消除类游戏《蒙提祖玛的宝藏》的画面细腻而华丽，神秘的图腾、添加有光影效果的藤蔓、斑驳的墙面等，使玩家仿佛置身于考古现场，如图 3-5 所示。

图 3-5　《蒙提祖玛的宝藏》的启动界面

2) 主菜单界面

游戏中主要功能汇集的界面，类似于文章写作中的提纲，在PC游戏中一般是按Esc键呼出，显示在屏幕中间。该界面一般包含以下几个按钮：

(1) 新游戏：点击之后开始一个新游戏。

(2) 读取进度：点击后该界面消失，并进入读取进度界面。

(3) 选项：点击进入选项界面。

(4) 制作组：点击进入制作组成员介绍界面。

(5) 退出：点击后弹出提示菜单，询问玩家是否退出游戏，经确认后退出程序，回到桌面，或者取消界面继续游戏。

如《蒙提祖玛的宝藏》的主菜单界面如图3-6所示，界面中包括“开始寻宝”“游戏设置”“规则说明”“高分记录”和“退出游戏”五个按钮。

图3-6　《蒙提祖玛的宝藏》的主菜单界面

3) 游戏界面

游戏界面指的是游戏运行中的主界面。《蒙提祖玛的宝藏》的游戏界面中刻画有不同花纹的非常精致的彩石，消除效果具有绚丽的光影特效，整体画面十分出色，如图3-7所示。该界面包括以下几个按钮：

(1) 主菜单：点击暂停当前程序，回到游戏的主菜单。

(2) 提示：在游戏界面中显示有助于玩家过关的提示内容。

4) 读取进度和保存进度界面

读取进度和保存进度界面主要显示游戏已经存在的存档记录和空余的存档位置。这两个界面经常被综合在一起，设计该界面时，应该详细描述存档的表现形式，是文字还是截图，上面是否有时间显示，一共有多少个存档记录，玩家如何存档，当玩家覆盖已有存档时是否有消息提示等。《蒙提祖玛的宝藏》的读取进度和保存进度界面简洁明了、易于掌握，如图3-8所示。

图 3-7　《蒙提祖玛的宝藏》的游戏界面

图 3-8　《蒙提祖玛的宝藏》的读取进度和保存进度界面

5) 加载界面

加载界面也叫 loading 图。当玩家读取某一进度或在游戏中切换场景时显示该图片，同时系统在后台调入进度。当系统调入完毕后该图片消失，并显示玩家所读取的游戏进度或新的场景。

6) 操作设置界面

操作设置界面可供玩家设置操作模式。常见的两种设置如下：

(1) 鼠标/手柄设置：设置鼠标或手柄的操作模式，例如鼠标是左手操作还是右手操作等。

(2) 键盘设置：设置快捷键等。

7) 道具设置界面

在道具设置界面中根据提示选择不同作用、不同类型的道具，以顺利完成关卡或增加游戏的乐趣。

在《蒙提祖玛的宝藏》的显示设置界面中，玩家可以用在摘星的奖励关卡中获取的星星为多达 15 种道具进行升级，并可设置道具收集七种力量图腾和九个不同的奖杯，如图 3-9 所示。

图 3-9　《蒙提祖玛的宝藏》的道具设置界面

8) 显示设置界面

显示设置界面可供玩家设置显示效果等，一般包括以下几项内容：

(1) 分辨率：调节显示器的分辨率。在设计时，要详细说明有几种分辨率供玩家选择，玩家如何操作更改分辨率等。

(2) 模型精度：调节游戏中模型的精度，精度越高，画面越细腻，但同时也意味着更耗资源。在这里要详细注明玩家如何去选择模型精度，如分为高、中、低三个选择项。

(3) 天气效果：选择是否打开游戏中的天气效果。在这里要说明玩家如何打开或关闭，一般分为打开和关闭两个选择项。

9) *声音设置界面*

声音设置界面可供玩家设置游戏的音乐和音效。如《蒙提祖玛的宝藏》中的背景音乐充满了异国风情，运用了很有异域特色的音乐，优美动听的乐曲非常契合主题。音效也具有震撼的表现，消除爆炸等音效如电闪般浑厚有力。

(1) 音乐：可以打开或关闭背景音乐，以及调节音乐的音量。

(2) 音效：可以打开或关闭音效，以及调节音效的音量。

《蒙提祖玛的宝藏》中的声音设置界面和显示设置界面是合并在一起的，如图 3-10 所示。

图 3-10 《蒙提祖玛的宝藏》的声音和显示设置界面

3.3.3 游戏界面应具备的功能

游戏界面一般应具备以下几项功能：

(1) 反馈(Feed back)：随时将正在做什么的信息告知玩家，尤其是在响应时间很长的情况下。

(2) 状态(Status)：告诉玩家正处于游戏的什么位置。

(3) 脱离(Escape)：允许玩家随时中止一项操作，并且能脱离该选择，避免发生死锁。

(4) 默认值(Default)：尽可能对能预知答案的问题设置默认值，以节省玩家的时间。

(5) 求助(Help)：提供联机在线帮助。

(6) 复原(Undo)：在玩家操作出错时，可返回并重新开始。

(7) 简化：尽可能减轻玩家记忆，如简化对话步骤、采用列表选择、对共同输入内容设置默认值、系统自动填入玩家已输入过的内容等。

比如《街头滑板》游戏的界面设计，如图 3-11(见彩页)所示。该游戏的界面简洁明了、清新亮丽，玩家可以根据自己所需很快地对游戏进行设定。游戏的主菜单界面提供了角色选择、背景选择、组队选择，玩家可以自由选择游戏中所提供的多种选项，在其中设定角色、选择场景、组成团队进行比赛。游戏还提供了相应的“开始”、“帮助”、“训练”、“兑换”等各种选项。玩家对游戏的场景、角色设定好之后，点击“开始”，可直接进入游戏界面；在“帮助”中提供有关于游戏的玩法和操作快捷键；在“训练”中可以提升角色的能力值；在“兑换”中提供了帮助玩家过关的一些道具。

图 3-11 《街头滑板》游戏界面设计

3.4 游戏场景设计

3.4.1 游戏场景的作用

游戏场景是指运行在游戏中的主控角色可以到达的场地。游戏场景设计既要有高度的创造性，又要有很强的艺术性。对于任何一款游戏来说，场景的设计和制作都是工作量最大的工作内容之一。

游戏世界场景是一款游戏的重要因素，它是所有游戏元素的载体，是玩家游戏的平台，世界场景与背景的完美融合会给其他策划者带来无与伦比的便利。

1. 交待时空关系

游戏是时间和空间共存的交互艺术。时间的流动和空间的转换可使玩家产生更强的置入感。

时间因素是游戏中的重要特性，绘画与漫画所表现的空间形象都是瞬间的、凝固的，不可能有时间的延续过程，而游戏中表现为实际的时间，所以造型在时间上是发展的、移动的，它是通过时间和空间表现形象的艺术。场景根据脚本和策划的要求，体现故事发生的地域特征、历史时代风貌、民族文化特点和人物生存氛围等。

空间则包括物质空间和社会空间。所谓的物质空间，是指人物生存和活动的空间，是由天然的或人造的景和物构成具体的可视环境形象，它必须符合游戏的时代地域特征、历史背景和民俗文化等。社会空间是一个虚化的物质空间，是由物质空间中的很多局部造型因素构成情调、气氛的结果。通过玩家的联想、主动构造出另一个完整的空间环境形象。社会空间的最大特点是与玩家的记忆相联系。由此可见，物质空间满足了人们的物质生活需求，而社会空间在物质空间的基础上，为角色提供了更为广阔、内容更为丰富的精神活动环境。

《魔兽世界》片头中交待的时空关系如图 3-12(见彩页)所示。

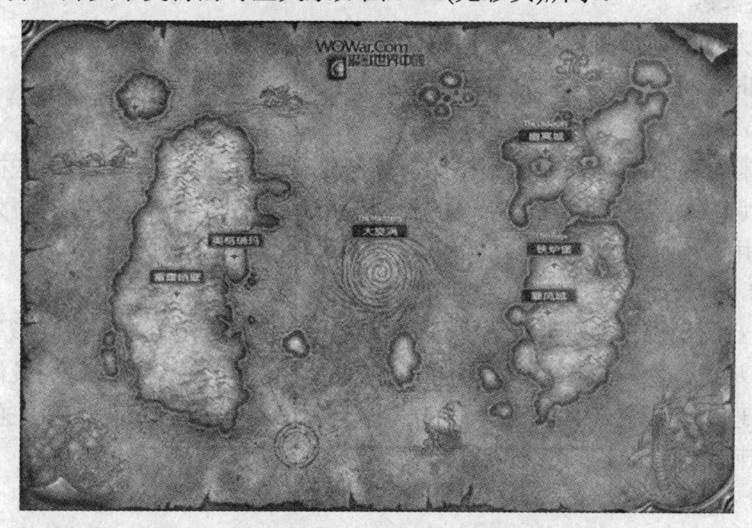

图 3-12　《魔兽世界》片头中交待的时空关系

2. 营造气氛

气氛的营造是游戏场景设计中第一位的工作，白天、夜晚、清新、明亮、阴暗、诡异……不同的环境、气候和色彩能带给玩家不同的感受。这种真实不是现实社会中的真实，而是以年代、地域、气候和风俗习惯等为客观依据，营造出的符合游戏整体设计氛围的虚拟世界中的真实。虽然游戏不能完全地再现现实，但却能浓缩地反映现实，营造一个属于自己的真实，这种真实感来自于人类现实，但比人类社会更丰富、更有趣。

此外，不同的场景会使玩家产生不同的心理感受：高大的空间构成的场景给人宽敞、开阔、博大、稳定的感觉，如大厦、宫殿等；高而直的空间营造的场景显得高耸、升腾、神圣，但缺乏亲切感，如宝塔、教堂等；狭小的空间给人低矮、压抑的感觉，如地窖、地洞等；三角形、多顶点的斜向空间常给人动态和富有变化但不规整的心理感受，如某些艺术展览馆；曲面空间营造的场景令人感到和谐、完整，但无方向感，如洞穴；开阔的空间给人活泼、自由的感觉，如草原、广场等；封闭的空间给人严肃、安静、沉闷的感觉，但富于安全感，如酒窖、储藏室等。

3. 烘托角色

角色和场景的关系是相互依存、不可分割的。通过对角色身份的物质空间和周围场景环境的构建，烘托角色的性格特点，展现角色的精神面貌，反映角色的心理活动。场景烘托角色应首先从角色个性出发，确定场景的特征，运用造型元素和手段，设计场景形象，直接正面地表现性格，突出个性，然后在比较和对比中找到区别和差异，从而形成鲜明的个性特征，强化突出所表现的内容。场景对角色心理的烘托，可以通过多种造型元素和手段的综合运用，如色彩、结构、光影及镜头角度等来实现。

4. 强化视觉冲击力

绝对强度和相对强度同时起作用的各种刺激物之间的对比关系以及刺激物活动、变化和新奇的场景具有强烈的视觉冲击力，使画面效果富于感染力，最大限度地创造视觉诱导效果。游戏场景设计中强化视觉冲击力的方式有以下几种：

1) 加强层次感

通过不同方位的前后景物与高低错落的景区构成场景的空间节奏与层次。在分散玩家多余视线的同时，将玩家的注意力引到主题上。

2) 牵引玩家视线

场景的结构和构成往往使人感到枯燥，易产生视觉疲劳。此时加上一些标示和文字符号就能很好地调节气氛，提高场景空间的使用效率，营造流动的、交互的序列空间，起到指引、导向作用。

3) 色彩诱导

色彩是游戏场景设计的重要要素之一，有着先声夺人的作用。景物色彩与生活痕迹构成场景的色彩基调，色彩感觉影响着玩家对游戏场景内容的注意力和对场景信息的认知程度。从视觉心理来说，色彩可以诱发人们产生多种情感，有助于动画场景在信息传达中发挥攻心力量，刺激视觉，达到引人入胜的效果。

4) 光线诱导

在场景中利用光感折射、动态光感及明暗差异性来衬托主体，通过特定光源赋予场景独特的光影效果与生命活力。

5) 景物的比例大小

依据场景中景物本身的比例关系，在等比的关系上追求视觉上的突破，进而突出场景中的视觉重点。

6) 加强玩家对场景的记忆

以自然美和突破普通接受能力的残酷美来打动玩家的情感，以加强玩家对场景的记忆。

3.4.2　游戏场景制作方法

场景制作是游戏制作中不可缺少的一部分。在游戏中，往往是场景的制作决定了整个游戏的美术风格。同时，由于场景涉及的技术比人物或者动作都要少些，但是对制作人员的艺术修养要求比较高，因此在游戏公司中，场景制作一般是由美术功底较强的人来担任的。

不同的游戏引擎，对场景的制作方法有不同的要求。这取决于游戏引擎支持3D模型和贴图的方式，但原理基本一样。

1. 2D游戏场景的制作方法

目前大家已经习惯于玩绚丽的3D游戏，但不可否认，2D游戏仍有其顽强的生命力，例如网易公司的《大话西游》和《梦幻西游》系列。由于2D游戏对系统硬件配置要求较低，适应的用户群范围相对较大，因此国内部分公司仍在坚持2D游戏的开发。

2D游戏中所使用的图像元素是以平面图片的形式存在的，其地表、建筑都是由单张的图像元素构成的。这些图像元素最终都会以复杂的方式在游戏中进行调用，从而实现游戏世界中丰富的场景画面。正因为2D游戏场景是由图片构成的，制作灵活性相对较大，不必担心场景面数和引擎支持，只须提供规定格式的位图图片，因此游戏画面可以制作得比较细腻。

2D游戏中的场景通常是以斜45°角表现的。这是一种不依照正常的人眼透视表现，而是在地面和视线之间有一个角度。这样做主要是为了符合基础程序算法的要求，美术制作人员只需了解这个概念即可。早期的电脑游戏普遍都采用了这种制作方法，如《仙剑奇侠传》中画面的视觉效果并没有近大远小的透视表现。

2. 2.5D游戏场景的制作方法

2.5D游戏是一种比较特殊的游戏类型，也被称做假三维。产生于2D游戏到3D游戏的过渡时期，具备2D场景和3D场景的一些特点，融合了二者的制作方法。制作方法有两种：一种是3D地图2D角色，另一种是2D地图3D角色。《征服》采用的就是2D地图3D角色。由于2.5D游戏中摄像机角度是固定不变的，因此对看不到的东西就可以省略不做或是只做简单处理。

3. 3D游戏场景的制作方法

目前众多的游戏研发公司投入到三维网络游戏的开发中。在有限的资源条件下制作出精美的画面效果，对场景制作人员的要求就更高了。首先原画设计师要根据游戏设计文档进行概念设计，再进行细致的场景原画绘制，场景原画一般要求画出全景和局部景，包括局部场景中的一些更细小的建筑装饰纹样和一些标志等，目的是让3D场景制作人员清楚地知道此场景的结构特征和色彩搭配。接下来进行各个角度剖面图的绘制，再由三维设计师进行三维建模，按照设计要求精简面数。然后由材质设计师进行贴图绘画并为模型添加材质纹理，最后由程序员进行接口程序的导出。游戏场景设计示例如图3-13(见彩页)所示。

图3-13 游戏场景设计图

3.4.3　游戏场景制作流程

同游戏制作的其他部门一样，场景的制作也要遵从特定的流程。了解和遵从制作流程，能够极大地减少游戏开发时间，避免重复劳动。

设计一个场景之初，需要了解游戏的世界架构、背景故事、角色和相关的设计要求，引擎支持程度，美术工作量及策划的功能需求等，得出一个大小适当、程序支持、美术支持、策划支持的设计稿。场景策划只有在满足所有需求的范围内才能自由发挥。

对上面的事情充分了解之后，开始写场景设计文档，用文字描绘场景，然后画设计图(结构图、地形图、高度图等)，并和美术制作人员进行充分交流。

在写初稿时首先要做的是确定风格。风格在很多情况下是由策划人员决定并通过美术制作人员来实现的。一个优秀的场景设计师，对于场景氛围、建筑风格和场景结构的理解力都是高超的。例如，美术的唯美风格、写实风格、卡通风格等，在场景上的要求各不相同，就需要场景设计师对场景风格的整体把握。

确定风格后，开始考虑场景的大小。场景的大小是根据实际需要决定的，可以从其他策划方案中获得灵感。例如，从村子里很快就能出来进行战斗，两个城镇之间的距离不能太远也不能太近，险恶的区域要离城镇远一些等。在一款原创的游戏中，城镇的位置和大小则完全交由场景设计师决定。在游戏中，城镇之间的距离大概有多远才合适，往往需要找些类似游戏进去跑一跑看。这时候，距离的单位是分钟，如，两镇之间的距离需要跑 10 分钟左右，一个城镇的半径需要跑 2 分钟。以分钟为单位只是感觉时间，是不准确的，但在策划之初，却已足够了。这些数据得到后，参照总游戏时间，可以得到玩家进行游戏的大致活动范围，以城镇等已经得到的数据为准，决定野外或者其他扩展区域的大小，这样总场景世界地图的大小就大致决定了。

有了大的世界地图，就可以开始细节规划。第一是气候：这个世界需要什么气候，如果没有策划案提到气候的需求，则由场景设计师制定。游戏中是否需要沙漠、雪原等，这些都关系到游戏的扩展和玩家感觉。如果想要创造一个逼真的世界，可以从百科全书和地图集上学习地形、气候和地理(自然地理和政治地理)的相关知识。除非玩家们在精确性上毫不放松，否则只需要基本的知识就可以创建一个奇幻世界。一般来说，只要略微了解地形如何影响气候，不同地形之间如何相互作用(比如，山脉常常沿着海岸)以及气候和地形的情况，就可以决定人们通常的居住位置。气候越丰富则世界越具有真实性和完整感，但同时造成了美术资源的增加和策划设计上的复杂。因气候带来的植被的变化，怪物种类等的变化都是后期设计必须考虑的问题，另外气候也导致了不同气候地区之间的连接问题，包括程序上的一些解决方案，如雪原与草原的转变，雪原部分经常下雪，草原部分则不下雪只下雨。如何让玩家接触到这些的时候不感到突兀，都是需要考虑的问题。为世界上的每个地区都分配一个气候、地形类型，以指明那里有着怎样的地表景色，盛行怎样的季节和天气状况，以及何种生物在此区域居住。即使游戏中没有气候的变化，也应该让玩家在穿越世界地图时，看到不同的地形，否则会使玩家在旅途中感到枯燥。所以第二是地形变化：场景地形的设计也是需要遵照地理科学来设计的，当然虚拟世界可以逾越这些规则。如果不是因为某种魔法，一个热带雨林(一个炎热气候区)是不会与一个严寒平原(一个寒冷气候区)相邻的。尽管所有地形类型上都有怪物、动物和智力生物居住，但一些地形类型还是更适合常见种族(玩家人物的种族)而非其他种族居住。

接下来进行人口的设置。有人口，必然有城市和村庄。一般来说，人们尽可能居住在便利的地方。他们设法把聚居地安置在靠近水源或食物来源、气候适宜并且交通运输便利(比如临近海、河或容易修建道路的平地等)的地方。当然也有例外，比如沙漠中的城镇、群山中与世隔绝的聚居地、沼泽中心或平顶山顶部的隐秘城市等。这些例外的出现一般都是有理由的：把城市建在平顶山顶是为了利于防守，山峦中孤立的聚居地是因为那里的人想要和外面的世界隔绝。建了城市和村庄，设置了城市和村庄人口的水源或食物的牧场和小河等之后，可以根据人口的习惯，对城市和村庄做进一步的规划。城市里的商店、政府等，都会为后来的一些城战、国战和一些任务的设计做铺垫，在设计时要与世界架构和故事背景有密切的联系。

以上这些策划的方案做好之后，就可以告诉原画人员具体的要求(通常是以书面的形式)，然后原画人员根据策划的要求进行创作，基本呈现出场景的原形。团队中的主美术通过审核之后，原画交由3D场景制作人员，3D场景制作人员根据原画进行3D场景制作。制作完成后再交给地图编辑人员，地图编辑人员按照策划的要求将制作好的场景通过编译器导入游戏中来查看场景的最终效果，然后交给策划，由策划决定是否符合整个游戏的要求。如果没有达到游戏的要求，那么由策划负责查找是哪个环节出现了问题，然后对出现问题的场景进行修改。游戏场景制作流程简图见图3-14。

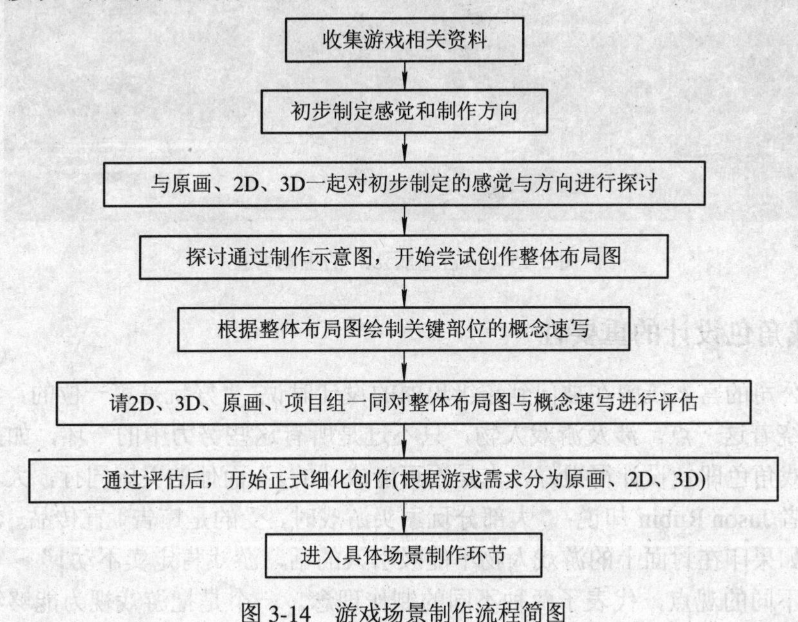

图3-14　游戏场景制作流程简图

3.5　游戏角色设计

在游戏动漫作品中，角色是由导演、策划和角色设计师共同塑造完成的。这比找一个演员更具有优势，因为设计过程中自由度相对比较大，角色不再受到演员长相体型的限制，现代一些电影大量运用了 CG 演员，如《指环王》、《哈利·波特》中的很多大型怪物都是

CG 虚拟演员，CG 虚拟演员的表演与气势是真人演员所无法表现的。而游戏角色就是 CG 演员，这些 CG 演员全部是由美术人员设计制作出来的，这也就是游戏中的角色设计。

自电子游戏诞生以来，各种游戏人物形象日益深入人心，如马里奥(超级玛丽)、春丽(街霸)、克劳德(最终幻想 7)、皮卡丘(宠物小精灵)等游戏角色可以说是家喻户晓、众人皆知，《古墓丽影》的主角劳拉(见图 3-15)甚至成为美国风靡一时的公众偶像，上了《时代周刊》的封面。劳拉性感的装束也成为美国女孩争相模仿的对象。可以说，每个游戏设计师都有一个梦想——设计出广大公众所喜爱的成功的游戏角色形象。

图 3-15　《古墓丽影》的主角劳拉

3.5.1　游戏角色设计的重要性

任天堂公司的宫本茂曾在被问到超级玛丽的设计时说：“好玩是第一位的，我们所有的努力都是围绕着这一点。涉及游戏人物，只不过是所有这些努力中的一环，如果游戏不好玩的话，游戏角色即使设计得很好，也是不可能成功的。”而他的美国同行，大名鼎鼎的古惑狼的设计者 Jason Rubin 却说：“大部分玩家买游戏时，受的是广告、宣传品、游戏包装封面的影响。如果印在封面上的游戏人物不能吸引人的话，游戏肯定卖不动！”

两个人不同的观点，代表了两种不同的制作理念。一个是把游戏视为能够给玩家带来精神愉悦的载体；另一种是把游戏视为大众化消费品，以卖动游戏为主要目的。两种观点没有优劣高下之分，一个成功游戏既要有十分的可玩性，又要有吸引人的角色设计。

3.5.2　影响角色设计的外部因素

游戏角色设计并不是一项简单的任务。设计者的思路要受到很多因素的影响和制约。下面列举这些影响因素。

1. 硬件机能因素

对游戏角色设计起到最大制约作用的就是硬件机能。在 8 位机、16 位机时代，由于分辨率限制，游戏角色大多是大头小身子，而且无法做出鼻子和嘴等细节，为了表达感情，只好把眼睛做得很大。由于分辨率太小，如何使游戏角色跃然而出给玩家留下深刻印象就成了设计师的艰巨任务。在那个时代从动画界传来一种说法：如果你设计的游戏角色的黑白剪影能被人准确无误地认出来，那么这个角色就设计成功了。这个说法告诉游戏设计师必须抓住游戏角色的本质和最主要的形体特征，简化加浓缩。

进入 32 位机时代后，三维图像成为主流，但机器所能实时处理的多边形数目有限。所以游戏设计师要为同一个游戏角色做两套模型，一套多边形多的模型，用于高分辨率的过场动画；另外一套面数少的模型，用于低分辨率的实时画面。

PS2 问世后，机器可以实时处理的多边形数量大大增加了。突破了多边形数量的瓶颈后，设计者拥有了更大的自由创作空间，但同时最新的挑战又提到了面前——如何使得高分辨率模型具有更真实的动作和表情？目前一些公司已经向这方面努力，一些电影所使用的更为复杂的建模技术被逐渐转移到游戏行业中并开始广泛使用。

总之，硬件机能的限制永远是套在设计者头上的紧箍咒，也是对设计者最大的挑战。设计者必须明确知道在现阶段的技术条件下，什么是可行的，什么是不可行的，在限制之下发挥最大的设计自由。

2. 游戏类型

不同类型的游戏，对游戏角色的需求不同。RTS 游戏显然不需要非常细致的角色设计；而在 RPG 和 AVG 游戏中则需要很多性格比较丰富多样的人物角色，并要反映出人物成长的历程；FTG 游戏需要人物角色个性张扬，一出场的亮相加上人物的特有小动作来吸引玩家的注意，如游戏《街霸》中的典型角色形象春丽(见图 3-16)。有时候还要杜撰一些背景故事来加强角色的分量。因此，由游戏类型所决定，游戏角色设计的任务有轻有重，侧重点不同。

图 3-16　FTG 游戏《街霸》中的春丽

3. 文化背景

不同文化背景的玩家审美观不同，导致玩家对游戏角色接受程度的不同。以游戏角色古惑狼为例，为了适应不同的市场，在日本发售时的古惑狼更天真单纯些，而美国本土的古惑狼则更多地带有美国街头文化的狂放特点；为了开拓日本市场，古惑狼的设计加以调整，并在日本获得了极大成功。

3.5.3　角色设计的诸多方面

1. 形体造型

设计一个角色人物，最重要的是人物的造型。Disney 公司的著名设计师 Preston Blair 在他的《卡通动画》一书中对如何设计角色人物有极为精辟的阐述。他的阐述对游戏角色的设计有一定的借鉴作用，在这里简单介绍一下。

2. 身体比例

设计一个人物最主要的是身体比例。所谓身体比例，就是身体各部分之间的相对大小。对动画来说，就是头、胸、臀三大块。不同的比例适合不同类型的人物。可爱的人物一般采用婴幼儿的比例，即头大身子小；而强悍类型的人物则是小头大胸小臀。

3. 球体组合

在设计和绘制角色时，一般以球体为基本构建单位，也就是把不同大小的球体组合在一起，形成人物复杂的形体结构。这样做是有其原因的：因为球体简单，其三维关系容易控制。把几个大的球体的大小、取向、相互关系抓住了，整个人物的形状就不会太走样。球体在人物头像的设计和绘制方面也起着很重要的作用，利用球体可以比较容易地把握头像的各种透视关系。

4. 服装道具

除了人物造型外，服饰道具也很重要。俗话说，“人靠衣装马靠鞍”，人物的服饰很大程度上反映了一个人所处的时代背景以及人物的社会地位、生活习惯和审美取向。

要设计好服饰和道具，对基本资料的掌握和熟悉极为重要。设计者可以参考各种专业书籍来设计各种服装、武器、道具和小饰物。

在以前的 RPG 游戏中，虽然游戏人物可以更换装备(头盔铠甲等)，但出于技术的限制和成本的考虑，这些并不能在画面中反映出来。也就是说，无论给主人公装备什么样的装备和服饰，在游戏画面中的主角还是原来的装束。随着三维图形技术的提高，储存能力的增强，现在越来越多的游戏通过多种材质，甚至改变多边形，使得游戏人物可以真正地改变装束，让玩家眼前一亮。

5. 动作特征

对于游戏人物来说，造型的时候也必须考虑人物如何运动。不同的人物应该有不同的运动特征——不同类型人物行走的姿势肯定不一样，小孩蹦蹦跳跳的走路姿势和老人蹒跚的走路姿势自然不同，这些都要在设计中考虑进去。要让观众明确地看到并理解人物的动作和意图，动作必须简单并且重点突出。为了达到这种效果，Disney 动画中使用了一种叫动作基线(也叫动态线)的技术。所谓动态线，是一条虚拟的线段，它能清楚表达角色主要的动态方向。人体各部分的形体动作要围绕这条主动作线，而不是干扰这条主动作线。这样的动作效果才能被观众理解。图 3-17 显示了一些人物动作和其动作线。

图 3-17　《猫和老鼠》的动作特征与动作线

动作线同时也是达成形体动作的韵律和节奏的基础。图 3-18 显示了动作线美妙流畅的变化。

图 3-18　投球手的动作线

6. 操作方法

游戏角色设计比动画更进一步，游戏人物不仅需要考虑动作，还要考虑操作，即玩家是如何控制人物的。实际上，角色的操作决定了角色的动作，角色的动作又决定角色的形体。而设计师设计角色的过程是与此相反的。因此需要不断测试并修改，使角色的三维模型动作能够流畅无碍。这一点在游戏者设计时是必须要面对的。

7. 性格属性

有了人物的躯壳，有了动作和操作方法，人物就有了一定的特征。但要使得人物形象更丰满更突出，则需要更多的表达人物性格特征和其他各种属性的手段，例如让人物有自己的口头禅。

8. 背景故事

游戏中的角色都要有其出生及成长的历史。人物档案和背景故事是人物设计时要考虑的一环。背景故事也是周边产品及续集开发的需要。

3.5.4 角色设计的工具

1. 模型版

在以前游戏还不很复杂的时候，一两个美工就可以完成所有的角色设计工作。随着游戏容量越来越大，一个游戏所需要的美工越来越多，他们之间协调就成了一个问题。目前各游戏公司都在向动画业学习各种工具和方法，模型版就是其中之一。模型版是角色设计的标准，所有人画同一个人物的时候都要对照模型版以保证一致性。《最终幻想》的模型版如图 3-19(见彩页)所示。

图 3-19　《最终幻想》模型版

2. 三面图

从不同角度看同一个人物，是达成人物的三维感的重要工具。韩国游戏《青麟》的角色三面图如图 3-20 所示。

图 3-20　韩国游戏《青麟》的角色三面图

3. 配色图

配色图用于试验各种色彩配置。

4. 人物对比图

人物对比图用于显示各人物之间的大小比例。《最终幻想》的人物对比图如图 3-21 所示。

图 3-21　《最终幻想》的人物对比图

5. 表情图

表情图用于显示人物的喜、怒、哀、乐等各种表情。《最终幻想》的人物表情图如图 3-22 所示。

图 3-22 《最终幻想》的人物表情图

3.6 道具设计

3.6.1 道具的种类

“道具”一词源于戏剧，主要指在舞台上为了配合表演而准备的一些辅助工具。目前，“道具”在游戏业也得到了广泛的应用，游戏中把除了角色和场景之外的一些辅助物品称为道具。作为游戏中不可缺少的元素，道具一直以来在游戏中起着举足轻重的作用，常常给玩家带来意想不到的“惊喜”，特别是在网络游戏中，道具装备的不断变换也使得单一的游戏模式充满了乐趣。

所谓道具就是指在游戏过程中使用或是装备的物品。道具大致上可以分为三种：使用类、装备类和情节类。道具在游戏中，由于出现的环境不同和剧情的编排不同，会产生不同的作用。有些道具仅仅是为了当作摆设而成为衬景，有的则成为完成下一阶段任务的必备品。游戏中的道具如图 3-23 所示。

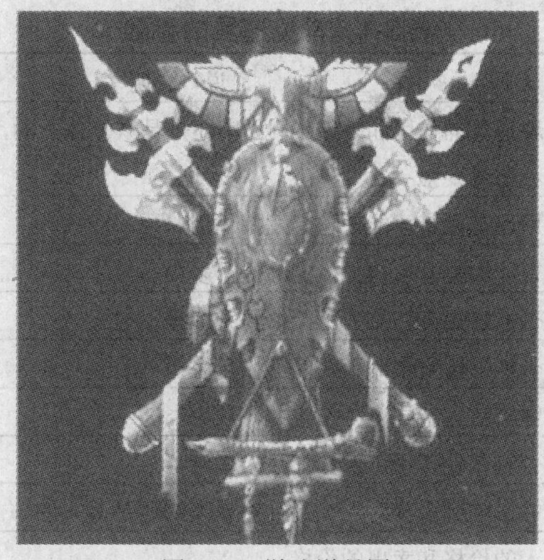

图 3-23　游戏道具图

1. 使用类

使用类道具的特点是用过后就消失。使用类道具又分为食用型和投掷型两种。食用型是指在游戏过程中可以食用，以增加某种指数的物品，一般来说也就是药品或是食品。像草药、金创药之类，食用之后可以使体力得以恢复；投掷类道具是指在战场上使用的可投掷的物品，一般用于攻击敌人，如飞镖、毒药等。如果是食用型道具，在设计时就要注意，食用一次可以加多少数值，有的是限定数值的，有的是在一定范围内随机产生数值的；也有些食物可以食用不止一次，那么还应有可食用的次数。

2. 装备类

装备类道具一直是玩家津津乐道的，装备决定着玩家在游戏中的虚拟地位，也决定着攻击对手的能力。如各种盔甲、武器，右手上拿的菜刀，左手上拿的锅盖，头上戴着的太阳帽，身上穿着的 T 恤衫，脚上踏着的拖鞋，腰上系着的皮带，肩上披着的床单，还有魔法定婚戒指、魔法金项链都可以作为装备类道具。如果玩家的角色有不同的系列，那么各系之间的装备类道具应该也不大一样，就像男式服装和女式服装不可以混穿是一个道理。设计这样的道具，要详细说明道具的等级、重量或是大小(有负重值的游戏要考虑道具的轻重，有可视道具栏的游戏要考虑道具的大小)、数值(加攻防、敏捷等数据)、特效(对某魔法可防御，对某系敌人效果加倍等)、价格(买进时的价格和卖出时的价格)，其它的还有材质(木、铜、铁等)、耐久值、弹药数、准确率等等。

3. 情节类

情节类道具在游戏的发展中是必不可少的。所谓情节类道具，就是诸如钥匙之类的在情节发展过程中必不可少的道具。这类道具存在的目的，就是为了判断玩家的游戏进程是否达到设计者要求的程度的一个标尺。诸如钥匙、腰牌、徽章、某某的信等，在游戏中都是重要的判断因素。有了它，游戏者才可以进行下一步的流程。

3.6.2　道具的参数

常见的一些道具的参数如表 3-1 所示。

表 3-1　常见道具的参数

项目	说　明
名称	体现道具的作用和等级。例如小还丹是恢复体力的，那么大还丹的作用应该比小还丹要强
使用方式	使用还是佩带才能使道具发挥作用
提升攻击力	是否能够提升攻击力，能够提升多少
提升防御力	是否能够提升防御力，能够提升多少
恢复生命力	是否能够恢复生命力，能够恢复多少
伤害力	能够给敌人造成多少伤害
特殊作用	是否有其他作用，例如让敌人中毒
作用范围	能够影响到多少对象，是针对单人的还是多人的
价格	买入的价格和卖出的价格
备注	一些特殊的事情，例如这种道具有能否重复使用

3.6.3　道具的获得

道具是如何获得的？在一般 RPG 游戏的过程中，玩家获得道具的方法无外乎有以下几种。

1. 情节获得

与 NPC 角色对话，按照提示完成某情节，会获得某种道具。这一类道具多是情节类的道具或是至关重要的道具。

2. 金钱购买

用玩家手中的货币到武器铺、防具铺或道具铺等购买，这一类道具多为装备类和使用类的道具。

3. 战斗取得

一场战斗结束后，所获得的战利品，一般分随机和固定两种。随机的多为装备类和使用类道具，固定的多为情节类道具。

4. 翻箱倒柜

进入一个新的场景，玩家可以在可疑的箱子、柜子、炉台等可能放置道具的地方细细地调查一番，尽管在现实生活中，这种行为是偷窃，是一种犯罪行为，可是在 RPG 游戏中玩家却乐此不疲，这几乎成为每一个 RPG 迷的通病。

5. 解开谜题

这一种方式在游戏中也并不少见，比如在钢琴前弹奏一曲，发现左边的暗门打开，而从里面拿到一颗闪闪发光的宝珠。

6. 自己冶炼(或制造、合成等)

用矿石或是其它的材料，去冶炼屋冶炼玩家喜欢的道具。当玩家用原始材料制作出一件非常强大的道具时，这种快感远远胜于用其它方式得到道具。

3.6.4 道具的设计

1. 2D道具

从2D游戏开始，游戏中就已经大量使用到了“道具”这一重要元素。此时，道具虽然属于平面化，但效果已经足以使玩家得到乐趣。2D游戏中的道具通过不断更新的造型和不断变换的色彩牢牢地吸引着观众，其制作更多的是通过手绘方式来逐步使效果完善。

除了时时更换的武器装备外，2D场景中的道具配合游戏中的角色也给玩家带来了视觉上的完美感受。

2. 3D道具

3D道具的制作由于游戏的玩法、模式与2D游戏同出一辙，除了在画面效果上增加了新的技术难点外，基本的制作原理与2D道具相同。此类道具的制作可以采取更为细致的手法去刻画。3D道具可以使场景变得更为有趣、更为生动合理。

1) 3D道具模型

在3D道具中，模型的概念相对更为简单，特别是在引擎限制比较多的情况下，不宜在道具上花费大量的资源，尤其是复杂的大型场景道具。因此，在模型的制作上，应适当减少道具模型的多边形数量。道具的模型制作方法可以参考场景与人物模型的搭建方法，其制作原理是一样的。次级道具要为主体道具与场景节约资源，尽可能避免在其上产生不必要的资源浪费。例如远景的道具可以用图像贴图的方式来显示。

2) 3D道具贴图

由于模型的精简，使物体表现上增加了很多困难。想要使模型获得足够的逼真效果，只能在贴图上多花费些精力。虽然道具模型制作相对简单，要靠贴图来完善其最终效果，但是贴图量的限制使一个道具不得不将所有部分的贴图都集中在同一张贴图中，甚至几个道具共同使用一张贴图来实现。

3. 道具设计中的注意事项

道具设计中要注意以下几个问题：

(1) 道具是否可以移动；

(2) 道具是否会离玩家很近；

(3) 玩家是否会看到道具的背面。

对于道具来说，特别是3D游戏中的道具，如果有以上几种可能性，就需要考虑到制作中该道具在各个角度中的完善性。但是如果玩家距离该道具很远或仅仅能看到道具的某个角度，那就要适当地删减其背面或看不到的模型，或者精简贴图以节省游戏中宝贵的资源。

这些注意事项不仅仅适用于道具的制作，在场景、角色的制作中也同样重要，它贯穿于游戏开发的始终。

3.7 纹理设计

3.7.1 纹理的含义

纹理是指物体的螺纹或其他物质元素组合排列的形式，并让人有通过触摸产生的质感。

在游戏中，纹理可以使物体看起来更加真实，如物体表面的磨损、裂纹或是一些污点、生锈的钢板等，如图 3-24 所示。

图 3-24　物体磨损、裂纹的纹理

在游戏纹理设计中，一个纹理实际上就是一个位图，它只是一个物体颜色的模式或表明物体表面是粗糙的还是光滑的，而不会使物体表面真的变得崎岖不平，仅仅只是使它的表面看起来是崎岖不平的。由于纹理就是简单的位图，因此任何纹理都可以用贴图的形式表现出来。如设计者可以创建一个正方体模型，再将木头或者金属的纹理赋予正方形模型，使模型从视觉效果上呈现出木头或者金属的质感。

世界上没有与世隔绝的事物——天气、动物和人都会影响物体。在制作纹理前，需要思考一些问题：这个物体是用来做什么的？它在哪里被发现？人们如何接触它？纹理可信的关键就是它们是否能清楚显示物体是如何与外部世界相互作用的。例如，孩子的玩具箱在翻盖处和把手处会被磨旧；老式的旧电话机在拨号圆盘和听筒上会有指纹的痕迹；电脑的鼠标会在按键上留下油迹。纹理设计者需要的就是将这些习以为常的效果通过电脑重现，绘制它们的纹理贴图，用贴图的形式来表现出这些纹理。当然也有例外，如程序贴图，程序贴图被广泛运用于皮肤、衣服的凹凸纹理贴图(大面积一致的纹理)，但是设计者不能局限于程序纹理的使用，即使是皮肤在不同的区域也应有微妙的变化，如关节处的皱纹、痣、胎记。而增加这些细节的方法就是使用自己绘制的图片。所以除了完全统一的纹理外，完美真实的纹理表面需要我们自己绘制。

想要成为优秀的纹理设计者，应当学会如何观察周围事物的表面。首先需要看物体，然后在心里将其表面的不同属性分离开。如面对砖墙——仔细研究色彩的变化，注意光是如何被其表面分化的，体会每块砖上的磨痕、凹凸和缝隙中的水泥。

3.7.2　纹理的属性

真实世界的表面不是一尘不染的，很多设计者的最大错误就是把所有的面都做得很干净。真实世界表面的不同属性有以下几类。

1. 色彩

所有的物体都有色彩(Colour)，这是表面的基本属性，但是并不简单。世界上没有色彩一成不变的物体，哪怕仅仅是微小的变化。色彩纹理贴图是贴图的开始，表现的是物体的基本感觉。

2. 散射

散射是真实表面的重要属性，它决定了人们能够看到多少物体的色彩，也就是光反射了物体上多少颜色。这与物体表面色彩是不同的概念。如果将色彩变暗，那仅仅是色彩变化，而不是色彩深度的变化。色彩深度是通过散射光来表现的。观察人的皮肤会发现其密度、色彩不是连续不变的而是通过散射光产生细微的变化，这些变化是无法通过色彩贴图本身来实现的，它不能像散射贴图那样将表面的层次表现出来。可见，散射和色彩是相互联系的。

3. 发光

发光(Luminosity)这个属性决定物体是否自发光，光有多强，这通常用在霓虹灯、灯泡、LED 和液晶显示器上等。发光贴图可以与支持光能辐射的渲染器结合，这样发光值就能在渲染时作为光源处理。

4. 高光

这个重要的表面属性经常被忽视。Colour 和高光(Specularity)是物体表面的两大基本属性。高光决定了物体有多耀眼以及光在表面如何分布。前面说过外界如何接触和影响物体，就可以通过高光贴图来表现环境是如何在物体上留下印记的。例如衣服上的污渍、指纹、湿漉漉的表面、打蜡抛光等，都是高光贴图的用武之地。高光通常与其他三个属性互相联系——光泽度、凹凸和反射。

高光与光泽度决定了物体表面高光点的范围，高光与光泽度的值接近时会有较小的高光点，看起来就像塑料；而如果两者的值相差较大，高光点就会扩散到较大区域，看起来就更像金属。凹凸与高光决定了物体的磨损度，根据表面的不同调整高光的值。例如木头，磨平后会变得光滑发亮，而金属磨旧后会变得毛糙，还有表面的刮痕，刮痕会累积灰尘和腐蚀，所以会使表面变得更毛糙。

反射和高光的关系是很明显的。反光的物体被人接触后会留下痕迹(如指纹)，使这个区域反光能力下降。又如冬夜汽车前玻璃有雾气，被布擦拭后会留下痕迹，被擦的区域反射能力会下降。高光分两种：普通的平面高光(normal)和有细微凹凸的表面高光(anistropic)。

5. 光泽度

光泽度(Glossiness)就是光点在物体表面的扩散程度。添加高光后必须通过光泽度来改变高光的范围。塑料的光泽度高，而未处理的木头和工业金属的光泽度低，甚至没有光泽度。

6. 反射映像

反射映像(Reflection)属性决定了物体的反光能力。根据前文的介绍，反射会因为被外界接触而改变，通常这个属性被过分滥用——贴图的反射值往往过大，而令物体不真实。这并不是说不要反射——事实上几乎所有的事物都有反射。反射的种类也是不同的——例如镜子的反射是完全清晰的镜像，而铁、塑料，多数液体的反射是模糊的。经常有人把铝制水壶的反光做得非常强烈，好像可以用来作镜子，这是错误的。多数软件的反射属性中都有模糊的选项。

7. 透明与折射

透明与折射(Transparency)决定了物体“被看穿的程度”(Opacity，决定物体的不透明程度。Opacity 为 0%的物体会消失在场景中)。显然，如玻璃、有机玻璃、液体、水晶等都有不同的透明度。物体的透明度也是受高光度影响，例如玻璃表面上的指纹油污，这些区域的透明度会大大降低。多数透明物体都是折射光线的，折射使穿过透明物体的光线被扭曲，例如：玻璃杯里盛满水，插入筷子，透过水看到的筷子会扭曲。不同物体有不同的折射率，折射率表可以在物理书中找到。折射率越高，光线被扭曲越多。现实生活中的物体折射率不会超过 2.0。

8. 半透明

不是所有软件都支持这个属性。半透明(Translucency)就是不完全透明，例如窗帘，虽然不透明但是当光线穿过它时，你可以看到它背后的影像。事实上许多物体都有这个属性，如皮肤，在较强光线下人们可以透过皮肤看到静脉血管。

9. 凹凸

凹凸(Bump)是通过平面图的深浅来模拟物体表面的凹凸。凹凸不会改变物体本身，凹凸贴图只能被用在小的细节上，如刮痕、小凹痕、槽、刻痕。不要用凹凸贴图来代替建模，当镜头靠近凹凸贴图的部分，它会显得很平。凹凸贴图并不随着灯光一起移动——它被设计用来表现一个表面上的细小瑕疵，而不是大的凹凸。比如说，在飞行模拟器中，可以使用凹凸贴图来产生随机的地表细节，而不是重复地使用相同的纹理，因为那看上去一点趣味也没有。

凹凸贴图产生相当明显的表面细节，但严格意义上讲，凹凸贴图并不随着人们的观察角度而变化。

3.7.3　纹理贴图的大小

贴图的大小是制作中的重要问题。为了决定贴图的大小，设计者需要知道最终要渲染多大的图。一般而言，获得贴图在最终屏幕上的最大像素宽度，然后乘以 2。以此作为最终的贴图尺寸，最终渲染就不会模糊。例如电视分辨率为 720 像素 × 576 像素，所以如果物体要在镜头中特写，贴图尺寸至少为 1440 像素。通常使用正方形的贴图，贴图至少为 1440 像素 × 1440 像素，72 dpi(每英寸 72 像素)。

3.7.4　纹理贴图的设计

游戏中彩色的纹理贴图分为漫反射(diffuse)贴图和颜色(color)贴图两类。

漫反射贴图需要具备几个要素：物体的固有色、受光照后表面的高光以及暗部、暗部的反光和投影。漫反射贴图的优点在于效果统一，看上去效果更丰富、美观。缺点在于这类贴图不能随玩家的视角变化而产生互动，不能跟随光源的变化而互动。在此类贴图中，适当根据情境加入小的细节可以增加画面的真实感和深度感。过去的游戏中通常把高光、凹凸、阴影在这一张贴图里表现出来。

颜色贴图只包含有色彩信息，阴影和高光不包含在内，所以在此贴图上只会反应出物体本身的固有色信息，贴图看上去更加平。目前游戏的发展趋势是运用高级的实时光照技术，使物体材质与光源和周围的环境更真实互动。随着配合法线凹凸贴图(normal map)、高光贴图(special)等技术的联合使用日趋普及，不再像之前的漫反射贴图一样在一张画面上将高光、凹凸、阴影都表现出来。现在需要分开绘制多种贴图，使得每张颜色贴图在绘制时都需要花费更多的时间，但时间上的损失换来的却是在画面品质上的提升，如图 3-25(见彩页)所示。

图 3-25　游戏角色毛发纹理颜色贴图

高光贴图只含有黑、白、灰信息，高光的最大值为白色(255)、最小值为黑色(0)、中间值为灰色(128)。当游戏引擎光照系统运用实时光照技术时，高光贴图才会被应用上。高光贴图决定所表现物体的材质特性和高光“软”、“硬”程度。不锈钢具有较“硬”的高光，所以在绘制时可以用白色；木材的高光较为分散、不集中，在表现时整体较灰暗。高光贴图决定着材质对光线吸收的强弱，如图 3-26(见彩页)所示。

图 3-26　游戏角色毛发纹理高光贴图

法线贴图是凹凸贴图中的一种，传统的凹凸贴图缺乏立体感，而运用法线贴图的模型则更加生动。在游戏中，由于多边形数量受到限制，所以很多模型上的结构细节、材质纹理细节只能通过贴图来表现。例如砖墙的凹凸、木板上的螺丝钉、角色脸上的疤痕、肌肉上凸出的血管等，都是法线凹凸贴图常用来表现的对象。法线贴图虽然不改变物体的轮廓形状，但它在受灯光照射下的表现确实更加生动，如图 3-27(见彩页)所示。

图 3-27　游戏角色毛发纹理法线贴图

3.8 光照设计

在游戏中，光照可以增加场景和角色的层次感，真实眩目的光照效果往往可以将游戏的视觉效果提升一个档次。

游戏中的光照效果往往是最具有挑战性的部分之一，因为精确计算光照所要求的计算能力总是不能完全地创造出一个实时的环境。游戏中的光照是一个逐渐深入的过程，要创建逼真可信和栩栩如生的光照效果不仅需要正确的技术，而且需要设计者的眼光和技巧，想要在游戏中重建现实世界里的光照效果需要先了解传统的光照技术。

3.8.1 光照类型

1. 传统的光照类型

一个成功的光照设置应该至少包括以下几种类型的光源：

1) 主光源

主光源(关键光)是在场景中的主要光源，经常是那些最强的光，而且在场景中提供主要的照明和方向。一个关键光最好固定于某一个角度照在场景中的物体上。

2) 侧面光源

侧面光源能够显示出物体在阴影区域的一些细节，而且还能显示出物体的形状。侧面光源应与关键光出现在不同的位置才能更好地工作。

3) 背面光源

背面光源就是放在物体后面的光源，它也是为了更好地显示出物体形状。背景照明可以很好地凸现出物体的边缘，并且把被照射物体从背景中分离出来。

2. 游戏中的光照类型

游戏作品中的视觉效果是由光照、游戏场景中物体的性质和观察者(摄像机)所共同决定的。游戏中的光照主要是模拟现实中的各种灯光，基本上有直线光、环境光、聚光灯、点光源和全局照明等。

1) 直线光

直线光是在模拟太阳光和月光时最常用的一种光。作为游戏场景的一种具有典型功能的关键光，直线光可以提供可控制和可预测的照明。由于太阳距离地球十分遥远，当太阳光照到我们的时候，这些光线实际上已经可以说是相互平行的了，所以直线光也叫平行光。光源距离接受点越远，光线就越趋于平行。直线光是不会随距离的增加而衰退的，光线的强度在场景中的每个位置都是一样的。

2) 环境光

环境光存在于场景中的各个位置，而且指向各个方向，也不会随着距离的增加而消失。尽管在现实世界中环境光是不存在的，但是它在游戏场景中的主要目的是模拟现实世界中我们身边的反射光。实际上，环境光可以看做是一种附加照明光。由于计算机不能十分精确地计算出每个物体反射的光线以及色彩、强度和方向的变化，所以这种低强度的环境光可以在场景中制造一种统一的散射光。

3) 聚光灯

聚光灯是游戏场景中常用的一种光，设计者可以通过控制聚光灯的参数来表现各种不同的艺术效果。聚光灯也是场景中一种常用的关键光。传统意义上的聚光灯是用在舞台上的一种照明设备，聚光灯会用一束圆锥型的光束照在舞台上的表演者走过的每个位置，而且它在这种精确的定位情况下做得非常好，但是聚光灯也能在其他情况下提供无限多的解决方案。

4) 点光源

点光源就是从一个点向各个方向发出光线。点光源也可以看成是统一形式的光源，理想的点光源包括灯泡、路灯、台灯和蜡烛等。点光源的形式是十分灵活的，它可以产生各种各样的光照效果。

5) 全局照明

全局照明试图通过计算各个物体的表面的反射光，更进一步、更精确地重现现实世界的照明效果。在现实生活中，环境中的每个物体都能发射或反射光线，这样才构成了整个环境中的整体照明效果。

3.8.2　游戏场景中的光照设置

如何摆设场景内的灯是光照设计中的重要问题。游戏场景中的灯光设置的基本理论和方法是从电影摄影的照明理论中衍生并发展过来的，但也具有自己的特点。

1. 游戏中的光照设置的步骤

(1) 确定主光源的位置和强度；

(2) 决定辅助光的强度与角度；

(3) 分配背景光与侧面光源。

主光源是照亮物体的主灯，强度大作用明显而且有投影，用于照亮想要照亮的地方。通常情况下使用的是局部光源。侧面光源与从主光源相对的另一侧射向物体，强度要弱得多。背面光源强度也很弱，作用是从物体背面照亮物体阴影部分。

光的性质对场景会产生很大影响。刺目的直射光来自点状光源，形成强烈反差，并且根据它照射的方向可以增加或减低质地感和深度感。柔和的光产生模糊昏暗的光源，它有助于减少反差；光的方向也会影响场景中形的组成。柔和的光没有特定的方向，似乎轻柔地来自各个方向，刺目的直射光有三个基本方向：主光源、侧面光源和背面光源。主光源能产生非常引人注目的效果，当它形成强烈的反差时更是如此。然而这种光会使阴影丢失，使场景缺乏透视感；侧面光源能产生横贯画面的阴影，容易显示物体的质感；背面光源常常产生明显的反差，清晰地显示物体的轮廓。

游戏中，早晨和午后的场景灯光，主光一般设置为黄色，辅助光选择蓝色，光比大约为 7∶3。因为灯光与地面的夹角与一天中不同的时段有关，也与地球在公转轨道上的位置有关系，所以灯光与地面的夹角几乎可以是任意的，如图 3-28(见彩页)所示。

图 3-28　游戏场景中早晨或者午后的灯光图

再如游戏中黄昏场景的灯光，主光一般设置为橙色，辅助光选择蓝紫色，光比大约为 6∶4，灯光与地面夹角为 10°～30°。此时的灯光应该着力刻画画面暗部，使暗部比较透，阴影比较长，如图 3-29(见彩页)所示。

图 3-29　游戏场景中黄昏场景的灯光图

游戏中的夜晚场景灯光，主光一般设置为藏青色，补光选择蓝色，光比大约为 6∶4，灯光与地面夹角可以为任何角度。一般情况下，灯光师不会被要求设计特定日期的月光，所以满月便是最好的选择。当月相为满月时，我们整晚都能看到最亮的月亮，如图 3-30(见彩页)所示。

通常，昏暗、偏冷、低反差的灯光适用于悲哀、低沉或神秘莫测的效果，预示某种不详之事的发生；高反差的灯光可用于酒吧、赌场这样的场面，在这里可以强调主要对象或角色，而将其他的虚化；明艳、暖色调、阴影清晰的灯光效果适于表现兴奋的场面。

图 3-30　游戏场景中夜晚场景的灯光图

2. 游戏中的光照设置的注意点

1) 灯光宜精不宜多

过多的灯光使工作过程变得杂乱无章，难以处理，显示与渲染速度也会受到严重影响。因此只有必要的灯光才能保留。另外要注意灯光投影与阴影贴图及材质贴图的作用，能用贴图替代灯光的地方最好用贴图去做。例如要表现晚上从室外观看到的窗户内灯火通明的效果，用自发光贴图去做会方便得多，效果也很好。切忌随手布光，否则成功率将非常低。对于可有可无的灯光，要坚决不予保留。

2) 灯光要体现场景的明暗分布，要有层次性

不可把所有灯光一概处理，要根据需要选用不同种类的灯光，如选用聚光灯还是直线光；要根据需要决定灯光是否投影以及阴影的浓度；要根据需要决定灯光的亮度与对比度。如果要达到更真实的效果，一定要在灯光衰减方面下一番功夫。可以利用暂时关闭某些灯光的方法排除干扰，对其他的灯光进行更好的设置。

3) 要学会利用灯光的“排除”与“包括”功能

3ds max 中的灯光是可以超现实的。利用灯光的“排除”与“包括”功能可以控制灯光对某个物体是否起到照明或投影作用。例如要模拟烛光的照明与投影效果，通常在蜡烛灯芯位置放置一盏泛光灯。如果这盏灯不对蜡烛主体进行投影排除，那么蜡烛主体产生在桌面上的就是很大一片阴影。

4) 布光时应该遵循由主题到局部、由简到繁的过程

对于灯光效果的形成，应该先调节角度定下主格调，再调节灯光的衰减等特性来增强现实感，最后再调整灯光的颜色做细致修改。如果要模拟自然光的效果，还必须对自然光源有足够深刻的理解。不同场合下的布光用灯也是不一样的。如为了表现出一种金碧辉煌的效果，往往会把一些主灯光的颜色设置为淡淡的橘黄色，这样可以达到材质贴图不易达到的效果。

3.9　特殊效果设计

游戏特殊效果设计是对游戏表现的一种重要的补充形式，有动作特效、场景特效、粒子特效及部分影视特效。非凡绚烂的法术场景、魔法攻击时的视觉效果、自然界现象的模拟再现，如爆炸、打雷、下雨、下雪、水的流动现象等，都是特效在游戏中常见的应用

范例。

随着游戏产业的壮大，游戏特效成为吸引玩家的一个不可忽视的重要板块，游戏特效师也逐渐成为游戏制作团体中一个不可缺少的重要岗位。特效的成功与否直接导致游戏玩家对游戏画面的认可程度。例如，韩国的网络游戏《奇迹》(MU)炫目的法术场景是所有体验过这款游戏的玩家一致认可的特色之一。而对于一些强调特殊效果的网络游戏来说(例如格斗类的网络游戏)，特效更是他们的主要设计内容。

3.9.1　游戏特效的实现

在游戏特效的制作实现中，特效的制作很多时候是由游戏美工通过 2D 绘画软件绘制效果贴图，然后制作成短动画，并通过后期合成技术完成的。而对于自然界的很多现象，比如烟雾、火焰、下雨、下雪、爆炸等现象，则需要使用 3D 软件中的粒子系统和类粒子系统来完成。使用粒子系统，只要定义粒子系统的各种参数，系统就会自动模拟产生效果。粒子系统最常应用在爆炸效果生成方面和模拟群体移动方面，比如鱼群、羊群的移动或者两军交战之前的冲刺等。

3.9.2　特效制作人员的能力要求

特效制作人员应具备以下几种能力。

1. 特殊效果的创造能力

想要你的游戏特效有闪光点，游戏特效制作人员必须有出奇的想象力与大胆的创新精神，这个是特效制作人员应该具备的最重要的能力。创造力与表现力来源于长期的积累和认知酝酿过程。

2. 效果的分析分解能力

一个特效的产生，要经过策划、分解和制作实现三个重要的过程。因此，对效果的分析分解能力是特效制作人员必备的专业技能，同时也是体现特效制作人员能力强弱的基本内容。

3. 效果鉴赏能力

想要对创作好的效果进行必要的修改和调整，效果鉴赏能力就是重要的前提条件。对于美术工作者来说，不但能够对别人的效果进行分析与学习，还要对自己制作的效果进行自我鉴定和品评，这样才能成为真正的游戏特效制作人员。

4. 开发软件的使用能力

对于游戏特效设计人员来说，扎实的绘画表现结合开发软件的使用是制作游戏特效的前提。现在比较常用的动作软件有 3ds max、Maya、Photoshop、Paniter、Premiere 等。

3.10　游戏关卡设计

3.10.1　什么是关卡设计

关卡设计这个名词和关卡设计师这个职业是 20 世纪 90 年代中后期随着三维射击游戏

的流行应运而生的。因此严格地说，应该称之为三维关卡设计。在 DOOM 类型的三维射击游戏出现之前是没有这个称呼的，在游戏公司也没有专门的被称为关卡设计师的人。在 8 位、16 位游戏机上的动作游戏 ACT 中也是有多重关卡的，而且当时的玩家被称为“闯关族”。但二维游戏的关卡总体来说还是比较简单的，因为是横卷轴或纵卷轴，场景固定，敌人也是事先地在一定时间从一定的地方出来的。而到了三维时代，关卡的复杂度极大地增加了，敌人(NPC)的智能也增强了，游戏时对玩家的要求也就提高了。对二维 ACT 游戏来说，玩家知道自己在什么地方，知道自己在向什么方向进发，知道下一个敌人将会在什么地方出现。而三维射击游戏，玩家可以向四面八方走，还有不同的高度层，这使得玩家的方位感尽失。比之二维 ACT 游戏的单向卷轴(一维自由度)，在三维游戏中，也难怪很多老一辈的闯关族找不着北了。既然三维游戏对玩家的要求提高了，当然对设计者的要求也提高了。当关卡设计的工作量和复杂度大到一定程度，关卡设计的工作就独立出来了，需要专人负责，关卡设计师这项职务也就诞生了。

简单地说，关卡设计就是设计好场景和物品、目标和任务，提供给玩家(游戏人物)一个活动的舞台。在这个舞台上，表面上玩家拥有有限的自由，而实际上关卡设计师通过精心布置来把握玩家和游戏的节奏并给予引导，最终达到一定的目的。

关卡设计的重要性在于它是游戏性的重要组成部分。游戏的节奏、难度阶梯等方面很大程度上要依靠关卡来控制。

3.10.2　关卡设计要素

关卡由以下几个要素组成：地形、边界、物品、敌人、目标、情节、大小和视觉风格。

1. 地形

地形是关卡最重要的组成部分。地形是指室内或者室外的建筑和地貌，抽象出来就是由多边形拼接在一起构成的一个中空的空间，玩家就在这个空间里面漫游。母空间之内又可以分为若干个相互连接的子空间。

关卡设计实际上就是对空间的规划，特别是建筑物内部空间的规划。除了几何形体外、还要考虑内部装饰、灯光效果和人在一个三维空间内的感觉和行为模式，这些东西显然和建筑学的很多方面有重合之处。目前的关卡设计师们已经在有意识地借鉴和研究一些建筑学方面的经验和理论了。

在三维游戏刚刚兴起时由于计算机处理能力的局限，大多数关卡都是在建筑物内部的狭窄空间内的。随着计算机处理能力的增加和各种算法的优化，在新一代三维游戏中室外场景和自然环节变得更常见了。

2. 边界

边界是一个关卡必须的组成部分。关卡不可能无限大，因而必然要有边界。关卡的大小和完成关卡所需要的时间有着直接关系。一般来说，关卡之间是不连通的，只有完成了限定的任务才能进入下一关。部分边界可以是关卡之间相连的纽带。

3. 物品

各种物品，包括武器、工具、钥匙等的安置位置需要依靠经验，并通过不断调整才能获得最佳效果。

4. 敌人

同物品一样，各种敌人在关卡中出现的位置、次序、频率、时间，决定了游戏的节奏和玩家的手感。早期动作类型的游戏中，敌人不具有智能，其行为是被预先设定的，每次都在同样地点或者在同样的时段出现。游戏设计师具有完全的控制能力，通过细心调节，可以完全设定各种敌人出现的位置、次序、频率、时间，力求达到最优。那时候的游戏性令人怀念，很大部分就是这种控制和调节的结果。在三维射击游戏问世后，NPC 的概念得到发展，人工智能越来越得到增强。敌人出现的时机和行为，不再是事先规定好的，而是在一个大的行为系统和人工智能的指导下，有一定的变化和灵活性。这给传统动作游戏的游戏性反而带来了一些麻烦，游戏设计师这时候已经失去了对关卡中敌人行为的完全的控制。如何利用有限的控制能力去实现最优效果，是摆在新一代游戏设计师——关卡设计师面前的难题。关卡设计师这时必须和人工智能程序员合作，使得游戏既富于惊奇变化，又具有一定的平衡性。

5. 目标

一个关卡，要有一个目标，即希望玩家通过此关卡而达成的任务。目标也可以有一些子目标，子目标相互之间成为串联或者并联关系。目标应该明确简单，毫不含糊。

6. 情节

情节和关卡之间的关系可以多种多样：两者之间可以没有什么太大的联系，比如说早期的工作游戏；也可以通过过场动画交代情节背景，特别是通过过场动画使玩家明确一个关卡的任务；甚至可以在关卡进行中加入故事要素，使得玩家在游戏过程中获得某种惊喜或者意外。

7. 大小

提到关卡的大小，不仅仅指在玩家眼中关卡的大小和复杂度，更重要的是实际文件大小，比如材质文件大小。设计师在设计关卡时对各种文件大小的问题考虑得很多，因为这涉及到关卡能否被最终实现以及游戏的实时性能如何。

8. 视觉风格

关卡的视觉风格体现为地形设计、材质绘制、光影效果和色彩配置的组合。

3.10.3 关卡设计流程

正如一切设计活动一样，关卡设计需要一个流程(process)。设计流程的作用是保证每个关卡按时完成，使其质量具有连贯性，并且利于协作交流。

1. 目标确定

关卡设计的第一步是确定目标。目标基于任务，也就是前面所介绍的一个关卡所要玩家达成的任务。目标是从设计者角度看问题，而任务是从玩家角度看问题。目标可以有多角度、多方面，比如“此关卡一般水平玩家将费时 10 分钟”，“此关卡将使得玩家得到××宝物”。

除了确定目标外，还需要初步了解技术上的限制，比如材质文件的大小、多边形数量的限制等，以及其他非技术的限制，比如进度要求。

目标和限制相互作用。设计者要动用一切手段达成设计目标，但各种技术上和非技术上的限制使得设计者必须做出判断和一定的牺牲。所有的设计活动都是两者牵制作用的结果。

2. 集体讨论

在明确了关卡的总体目标和具体限制后，就进入集体讨论阶段。一般是由所有组员(包括关卡设计师、美工和程序员)聚集在一切，就关卡的地貌、标志性建筑关卡中的各种物品和敌人的特性等进行讨论，在白板或者纸上迅速地进行勾画。在集体讨论阶段，鼓励各种奇怪的想法和点子，所有的想法都可以提出。对这些想法，不要马上做出取舍和判断，而应记录在案，留到下一个阶段。

3. 设计概念

在集体讨论后，关卡设计师得到很多好的想法和启发。他把那些想法进行初步的取舍和综合。概念设计即是把设计师头脑里的设想可视化，在纸上或者其他媒介上表达出来。如果关卡设计师自己就能具有很好的速写能力，他可以自己动手。如果设计师本身没有美术技能，他需要和美工紧密合作，相互交流，共同把设计师头脑中的想法绘制出来。

在这个阶段，关卡设计师和美工可以使用概念速写、二维平面图、关键地段不同角度的整体效果渲染图等来完成可视化(visualization)。

4. 观念评估

在各种概念速写完成后，整个小组就可以进行初步的评估。评估由全体组员共同参与，在关卡设计师的讲解下通过各种资料图片，把关卡整体看一遍，找出一些明显的问题和疏漏，并予以调整和修改。

5. 使用关卡编辑器

经过反复几次概念设计和观念评估后，关卡设计师就可以开始在计算机里使用关卡编辑器构建关卡了。一般来说，每个公司都有自己的美工制作流程，这取决于制作流程的规定。关卡设计师和三维美工(制作三维模型)及二维美工(绘制材质)必须做好协调，前后衔接，流水作业。

6. 测试

关卡设计出来后，必须经过不断的调节和测试，以求达到最好的效果。三维关卡基本成型后可以进行对于参与的共同评估(walkthrough)，将关卡浏览一遍，获得整体印象。之后将关卡、怪物和其 AI 脚本(script)集成，进行更复杂的可玩性测试(playtest)。

3.11 动画设计

角色被设计师创作出来之后，为了使角色有更强的游戏表现力，游戏动作设计人员需要为角色创造相应的动作与行为方式。不同类型的游戏，对游戏角色动作的需求不同。RTS 类型的策略游戏，显然不需要非常细致的动作设计，只要保持走、停、砍等简单的动作设计，而 RPG、AVG、FTG 类型的游戏，则需要人物角色动作多样。对于一款网络游戏来说，角色超炫的动作以及逼真的表情足以调动玩家的好奇心与游戏动力，从而狂热地爱上这款游戏。这也是每一位游戏动作设计人员的最终目的。虽然随着动态捕捉系统技术的成熟，游戏角色的动作与表情越来越趋向以假乱真的地步，但是如此成本太高，一般情况下还是由角色动作设计人员动手完成动作的设置。

3.11.1　动画原理

无论是二维动画还是三维动画，它们都是利用视觉暂停留原理来“欺骗”观众的视觉，通过连续快速播放(24 帧或 30 帧每秒)画面序列形成动感来模拟现实中的运动，这就是动画的原理。它们之间不同的就是画面生成的方法：二维动画的每帧动画一般均为手工绘制而成；而三维动画则是利用三维软件制作模型，配置参数，然后渲染出各帧画面。

3.11.2　动画设计方法

20 世纪 20 到 30 年代的时候，动画短片开始盛行于世，一般是在无声电影上映前插播放映，起点缀和调剂的作用。这时候的动画只是一种比较新奇好玩的试验，而不是一种成熟的艺术形式。动画师对动画独特的艺术规律没有一个理性的认识，动画的技法粗糙，品质没有保证。“橡皮管动画”是当时初级动画的特点，动画角色的四肢是可以任意伸缩的橡皮管。

随着动画制作的规模越来越大，人们开始尝试制作更复杂的题材和更长的动画电影。显然橡皮管动画完成不了这样的人物。迪斯尼总结了动画艺术规律，形成了一套理论，经过一段时间的实践和修正，迪斯尼公司的传统动画理论正式问世。这个理论的核心是 12 条法则。这些法则成了指导迪斯尼公司所有动画制作的理论基础，并进一步影响了美国动画界，成为了美国动画片的实际标准。例如传统动画跑动的分析如图 3-31 所示。

图 3-31　传统动画跑动分析

在 20 世纪 80 年代中后期计算机三维动画法则问世时，制作三维动画的人中技术人员占绝对多数，他们对电影技术和二维传统动画理论所知甚少。因此这时候的三维动画更多的是一种技术上的尝试和炫耀，而不是一种艺术表达。这种情况一直维持到 Pixar 公司开始在其三维动画短片中尝试采用了迪斯尼的 12 条法则，才使三维动画真正成熟起来。Pixar公司的以《玩具总动员》系列为代表的三维动画电影大片，其技术让观者瞠目结舌，其中整个动画基础也使用了迪斯尼的传统动画理论。

1. 游戏中的短动画

迪斯尼的传统动画理论中的12条法则，其根本目的就是探讨如何生成真实、自然、生动的人物动作。对于游戏来说，游戏中的实时画面中各种角色的动作实际上是一段段事先设置好的短动画。比如说在RPG游戏中的对战，当玩家下达指令使用魔法后，游戏程序播放一段事先设置好的动画，显示角色释放魔法的动作和敌方挨打之后的反应(这实际上是两段预先编制好的动画)。而更简单的例子比如在一个第三视角的游戏中，按下方向键，角色前进一小步，从按键到动作停止，这个移动过程也是一段事先编排好的短动画。短动画短的不过几秒，长的不过一分钟，但它们是构成整个游戏人物角色各种动作的基础。只有通过这些细致的动作，才能彰显游戏人物的个性，赋予游戏角色鲜活的生命。

三维动画的制作主要包括三个大的环节，即建模、着色和运动控制。游戏中短动画不再需要一张张绘制，而是在计算机中设置好参数并自动生成。也就是说，对动画师的绘画基础要求降低了，但仍需要他们对动画理论有深刻的理解，才能调整好各种参数，生成满意的动画效果。

三维游戏中又有三维和伪三维游戏之分。伪三维游戏，如《帝国时代》，是先用 3ds max做出三维模型，然后设置参数，渲染后输出成短动画。其实质还是动画片段的播放。而真三维游戏，不是预先渲染生成短动画，而是实时计算然后改变三维模型的位置和形状。也就是说，短动画不是预先渲染好然后被线性播放的，而是以各种参数的形式存在并被实时处理的。

2. 关键帧动画

三维动画大多基于关键帧动画的原理，三维软件提供了设定关键帧和插入帧的多种工具。设定关键帧的对象可以是三维模型、摄像机、灯光、表面材质甚至具体的某一项参数，比如在动画开始和结束的时刻，分别设定关键帧之后，软件可以在两个关键帧之间自动生成中间帧，有了这些帧，就可以预览动画了。

对于动作设计人员来说，开发软件的使用是主要的专业技能。由于专业工具使用的复杂性和专业特征，很多时候想要获得这样的一种能力，动作设计人员必须经过非常专业的软件工具学习。现在比较常用的动作软件有 3ds max、Maya、Softmage、Poser 等。

3. 动态捕捉技术

动态捕捉技术是一种普遍应用的获得动态信息的方法，其基本原理是通过捕捉真实人物或者动物在运动时关键部位的运动数据来驱动三维人物或者动物。动态数据的采集经常采取分层的方法，比如利用精度不是很高的设备采集人物手臂身体等大范围动态，而在此基础上，使用精度高的设备采集人物表情或手指运动等细节动态，最后合成动态来驱动三维人物。也可以在大范围动画的基础上，手工调整细节动画。

动态捕捉中一个基本概念是感受器的数量。感受器就是附着在演员身上不同部位的数据采集器，根据精细程度和性能的不同，感受器的数量和位置也不同。

大多数的动态捕捉系统都是对应人体运动的，其实对于人物表情也可以利用这种技术来捕捉，这就是表情捕捉。可使用数十个脸部感应器来取得关键表情的皮肤位置，再结合上面提到过的关键帧动画来制作脸部表情。

上面所说的动态捕捉基本都是实时的，在演员动作的同时，数据就按时间顺序被记录下来。对于数据的编辑，有专业的编辑器可方便地对每个感受器的各种属性曲线进行调整。

3.12 游戏音效设计

近20年来游戏音效发展相当快，游戏开发人员正致力于使音效达到和画面一样的高品质，甚至有业内人士预测："游戏的音效将达到家庭影院般的效果。"

3.12.1 声效艺术设计

声效是有规律性振动的声音组成，担当向玩家传递信息的任务，以此增加游戏整体的氛围，强化玩家的沉浸感。在游戏开发中，最常见的问题之一是"不平衡声效"。这意味着游戏给那些无关紧要的动作添加了声效，却忽略了最重要的动作。为避免"不平衡声效"的发生，必须遵循简单的声效原则，即玩家在游戏中的任何一个动作都需要配有声效，并保证即使看不到画面，也可以通过声效知道玩家正在做什么。

其实没有必要自行创建所有声效。目前有很多"声效库"可供购买和剪辑使用，这些声效库大多都提供高品质立体声的wav文件，制作时可以降低其采样频率并转换成单声道，从而缩小文件以便于在游戏中使用。一些声效库中还包含一些免版税的音乐片段，对于像结束、选项这类只需要极小段音乐的场合，这些音乐片段会非常适合。不过选用声效库中的音乐也要做好音乐和其他游戏"撞衫"的心理准备，因为无法预计别人是否会用这段音乐。

游戏中会有一些声效是在声效库中找不到的，这时就需要自己来录制。录制声效有一些技巧，包括最小化背景噪声、给录制好的声效加效果、学会拟音、去户外搜集声效等。

3.12.2 配乐艺术设计

制作游戏配乐时，需要在考虑游戏特殊性的前提下进行创作，因此需要作曲家注意一些创作要点。

首先要注意背景音乐的耐听性。游戏的配乐风格主要取决于游戏的背景，如果是武侠背景的游戏，音乐应多倾向于民乐的风格。尽管民乐和管弦乐配器有较大区别，但从音乐"平静与高潮相结合"的制作方法来看，其实都是相通的。由于单机游戏每一个场景停留的时间都很短，所以一段相同的音乐不会多次重复，因此音乐发挥的空间相对大一些，可激烈、可舒缓。目前游戏中普遍存在的一个问题，就是音乐风格过于浓烈，研发公司在审核音乐的时候，多单从听觉角度出发，忽略了音乐在游戏中的背景作用，这就极容易造成玩家听觉的疲劳。这种情况在游戏配乐未来的发展中，会得到一些改善。背景音乐不一定要以明显的主旋律为评定标准，配合画面的意境，让音乐更耐听，才是游戏配乐未来的一个主要趋势。从这点来看，游戏配乐和电视电影配乐有异曲同工之处。

其次要注意游戏中的音乐情绪和循环方式。说到"音乐情绪"，有些游戏的配乐中就会有很多长度很短、没有主题旋律的营造气氛的音乐片段。这些片段的主要目的是表现一个事件的发生等，而并不以背景形式出现。“音乐情绪”目前采用得比较少，仅在一些升级、战斗胜利等极个别的事件中出现，一部游戏的配乐清单中，也很少会涉及到这种短音乐。游戏音乐的独特性之一就是循环播放，这是造成少用“音乐情绪”的原因。这种单调的循环，在有的场景中，有可能同一首曲子要播放几十次甚至上百次。目前在国内外的各类游戏中广泛采用的游戏配乐主要分为两种形式：首尾无缝连接和自然收尾。

最后，要考虑程序控制和音乐播放的结合。在《魔兽世界》中，可以找到大量短片段的音乐。当玩家来到一个新的场景后，音乐只在进入这个场景时出现一次便停止了，不会再循环播放，而只保留声效。除非退出游戏，否则再次进入这个场景，音乐都不会重复响起。这种方式的背景音乐以及循环方式在国产网络游戏中出现的还不多，因为在一张地图中，可能需要制作很多段这种短小的音乐，制作成本以及程序与音乐的协调，都存在一些问题。不过这种方式，将是未来网络游戏配乐发展的一个重要方向，毕竟单纯的音乐循环还无法从听觉上满足玩家的需求，只有让音乐巧妙地与场景和画面结合，才能达到更好的整体效果。

3.12.3　配音艺术设计

配音在游戏中担当的任务就是为游戏角色配音。配音是游戏音频的一个重要组成部分。早期的游戏中并不需要配音，因为添加语音被认为过于前卫，而且对于玩家而言，把语音作为游戏的一部分还不太适应。但在今天，即使游戏的配音不够好，那也比没有配音好。

游戏配音同样可以通过聘用配音演员来完成，有很多专业又有热情的配音演员愿意为游戏角色配音。与专业配音人员一起工作，在技术上是非常容易的。录音前，音效制作人需要把要配音的剧本片段提前发给配音人员，让他们提前熟悉配音语句，在录音时就可以节省很多时间。另外要注意向配音人员解释角色在某一点的心理状态，这一点很重要。音效制作人员自己也可以尝试配音，这不仅是有趣的体验，同时也会节省时间和金钱。

声音的本地化处理是游戏配音的一个难题。如果想让国产游戏走出国门，让其他国家的玩家容易上手，那就必须用当地的语言重新配音。相反地，如果引进外国的游戏，那也必须进行声音汉化处理。本地化会大大增加配音人员的工作量。不过，如果配音对于游戏进程影响不大，那也可以在播放语音时将对应语言的文本显示在屏幕上。

3.12.4　交互式混音和动态范围

目前游戏音效的两个重要领域是交互式混音和动态范围。

1. 交互式混音

当游戏进行到音效工程最后一个阶段的时候要进行游戏音效混音。如果没有交互式混音，则必须修改代码或原文，这意味着不得不逐个调节声效，然后在游戏中一遍遍地测试直到正确，整个过程相当冗长。

现在已经有了对音效的数值和参数进行实时改变的方法。微软的 Xact 和 Sony 的 Scream，这些程序都是为游戏音效的交互式混音而服务的。

当声效需要混音时，一种效果不能压制其它效果，可以通过调节旋钮或移动银幕上的音量控制器来调低声效的音量，也可以用平衡器、过滤器来为声效增加效果。进行音效混音时，要保证贯穿游戏始终的每个音效无论在何处播放效果都是一样的。

2. 动态范围

在音效开发方面，动态范围已经越来越重要了，因为音效开发需要考虑并处理所有的音量问题。广告商想引起观众注意，会将广告音量调节得比电视节目要响。电影则避免这种不和谐的音量变化，除非由于情节设计的需要故意这么做，这样做同样适用于游戏音效。音量不同是一种技术上的处理，即动态范围。

游戏中的每个音效都有自己的音量动态范围，通过动态控制可以使音效的音量随着游戏的情节起伏变化，给玩家带来更加身临其境的感受。随着玩家对音效品质要求的提高，交互式混音和动态范围逐渐成为衡量游戏音效品质优劣的重要标准之一。

习　题

1. 在游戏制作中常用的手绘软件有哪些？它们主要完成哪些方面的工作？
2. 游戏模型制作的主要工具有哪些？它们分别有哪些特点？
3. 场景设计在游戏中的作用有哪些？
4. 如何设计3D游戏场景？
5. 游戏角色的设计需要考虑哪些方面的因素？
6. 不同的游戏类型对游戏角色的设计要求也不同，在设计FTG类型的游戏角色时需要考虑哪些设计要素？请举例说明。
7. 游戏中道具的主要分类和参数有哪些？
8. 游戏中纹理贴图的分类有哪些？
9. 游戏中的基本灯光的类型有哪些？
10. 一位合格的特效制作人员除了熟练运用相关的软件外，还要具备哪些方面的能力？
11. 迪斯尼传统动画理论核心是12条法则，请列举出这些法则。
12. 制作游戏音效需要具备什么样的软、硬件条件？
13. 不同种类游戏的音效区别有哪些？
14. 怎样理解游戏音效的交互式混音和动态范围？

第 4 章　游戏程序实现

4.1　游戏程序基本开发流程

游戏的程序实现过程一般分为三个阶段，即编程前阶段、编程阶段和调试阶段。在编程前阶段后期开始程序和美术的制作，在编程阶段后期开始游戏的调试。三个阶段所用的时间比大概为 3∶4∶3。

4.1.1　编程前阶段

在编写游戏时，如果只凭借兴趣，想到哪就编到哪，随着程序越来越大，有一个问题就会越来越明显，那就是程序的错误。为了减少错误的产生，必须采取一些措施，这就是程序设计。程序设计的必要性还表现在程序员间的合作。为了让每个程序员对所要做的事和将如何做这件事有个明确的了解，也为了让管理人员能够从量的角度了解任务的完成状况和进度，也要求必须有程序设计。

在编程前阶段要对游戏程序进行程序设计，编写相应的设计文档，定义 I/O 结构和内部结构。该文档的偏重点应该是玩家体验而不是技术考虑，如果有必要就及时调整程序结构。设计文档主要应包括如下内容：

1. 程序设计总纲

无论设计什么程序，最先要弄清楚的一个问题就是做什么。程序设计总纲就是要告诉自己和自己的伙伴们，要做的是什么样的游戏程序。总纲包括以下几方面：

(1) 游戏概述：游戏的背景、类型、操作方法、特点等。

(2) 程序概述：游戏程序的编译平台、硬件运行需求、语言、编程重点和难点、技术能力分析等。

(3) 程序员概述：参与编程的程序员的能力及在整个程序制作中的作用和地位。

(4) 程序模块划分描述：游戏所需要的所有程序和程序内部的功能模块的划分。这部分只要有比较概括的说明就可以了。

2. 程序模块划分

程序模块划分是对程序设计总纲中最后一个部分的详细说明。说明的内容主要有该模块的功能、接口、技术要点和所用到的软件底层等。

3. 程序开发计划

知道了要做什么和怎么做，下面就该确定什么时候做和由谁来做了。一般都会制定一系列的里程碑，比如演示版、原型版(体验版)、测试版和正式版等，在这之间也可能会有其它的版本，然后确定完成每一个版本所需要的时间、主要内容和验收标准。除此之外，还要给出程序中每个模块的制作时间的表格及每个程序员的分工说明和工作量说明。

4.1.2　编程阶段

游戏计划完成并得到通过之后，就进入到游戏编程阶段。游戏程序的编写过程与游戏的模块划分有关，大致可以分成三个阶段：底层制作阶段、工具制作阶段和游戏制作阶段。底层制作一般是最先开始进行的阶段，这部分与具体游戏无关，而只与游戏所要运行的平台和所使用的开发工具有关。在策划大纲基本上完成后，也就是游戏的类型、模式基本上固定之后，就可以开始游戏工具的制作了。

游戏本身程序的实现是最耗费时间和精力的地方。编程是一件单调而繁杂的工作，需要特别注意细节问题。游戏不能充分发挥潜力大多是因为程序员没有花费足够的时间和精力，完成得比较仓促，没有认真调试而引起的。因此，在游戏程序编程完成之后，还要进行严格的测试。

4.1.3　测试阶段

游戏刚制作完成，肯定会有很多的错误，就是通常所说的 BUG。任何一款游戏在制作过程中都会有 BUG，严重时会导致游戏中断不能正常进行。而且随着游戏结构越复杂，可能出现 BUG 的情况就越多。BUG 的出现可能是由于程序员的程序编写问题，也可能是由于策划的设计问题，或者是因为美工的一时疏忽等原因。策划设计不完善的地方主要在游戏的参数部分，参数不合理会影响游戏的可玩性。所以，测试阶段的工作就是检测程序上的漏洞和调整游戏的各部分参数使之达到基本平衡。

游戏测试人员在发现 BUG 以后，要及时向程序组、策划人员以及美工进行反馈，由他们进行修改。修改完成后，再进行测试，确定问题得到了解决。如此反复进行，直到没有明显的问题为止。在进行测试工作时，要尽量把这些问题全部解决，不能留到上市以后让玩家去发现。

4.2　游戏程序基本开发语言与环境

4.2.1　游戏程序基本开发语言

游戏该使用何种语言开发，这是个问题，但是并没有简单而唯一的答案。在某些应用程序中，总有一些计算机语言优于其他语言。下面是几种用于编写游戏的主要编程语言的介绍及其优缺点，希望能够起到一定的借鉴作用。

1. C 语言

C 语言是 Dennis Ritchie 在 20 世纪 70 年代创建的，它功能强大且与 ALGOL 保持更连续的继承性，而 ALGOL 则是第一代高级编译语言 COBOL 和 FORTRAN 的结构化继承者。C 语言被设计成一个比它的前辈更精巧、更简单的版本，它适于编写系统级的程序，比如操作系统。在此之前，操作系统是使用汇编语言编写的，而且不可移植。C 语言是第一个使得系统级代码移植成为可能的编程语言。C 语言支持结构化编程，也就是说，C 语言的程序被编写成一些分离的函数调用集合，这些调用自上而下运行，而不像一个单独的集成块的代码使用 GOTO 语句控制流程。因此，C 语言程序比起集成性的 FORTRAN 及 COBOL 代码要简单得多。事实上，C 语言仍然具有 GOTO 语句，不过它的功能被限制了，仅当结构化方案非常复杂时才建议使用。正由于它的系统编程根源，将 C 语言和汇编语言进行结合是相当容易的。函数调用接口非常简单，而且汇编语言指令还能内嵌到 C 语言代码中，所以不需要连接独立的汇编模块。

使用 C 语言编写游戏的优点是有益于编写小而快的程序，很容易与汇编语言结合，具有很高的标准化；缺点是不容易支持面向对象技术，语法有时会非常难以理解，并造成滥用。从移植性方面来说，C 语言的核心以及 ANSI 函数调用都具有移植性，但仅限于流程控制、内存管理和简单的文件处理，其他的东西都与平台有关，比如说，为 Windows 和 Mac 开发可移植的程序，用户界面部分就需要用到与系统相关的函数调用，这一般意味着必须写两次用户界面代码。不过有一些 C 语言的库可以帮助减轻工作量。

2. C++语言

C++语言是具有面向对象(OO，Object Oriented)特性的 C 语言的继承者。面向对象编程(OOP)是结构化编程的下一步。OO 程序由对象组成，其中的对象是数据和函数的离散集合。有许多可用的对象库存在，这使得编程简单得只需要将一些程序“建筑材料”堆在一起，比如说，有很多的 GUI 和数据库的库实现为对象的集合。C++总是辩论的主题，尤其是在游戏开发论坛里。有几项 C++的功能，比如虚拟函数，为函数调用的决策制定增加了一个额外层次，批评家很快指出 C++程序将变得比相同功能的 C 程序来得大而慢。C++的拥护者则认为，用 C 写出与虚拟函数等价的代码同样会增加开支。这将是一个还在进行，而且不可能很快得出结论的争论。大多数人认为，C++的额外开支只是使用更好的语言的较小的付出。同样的争论发生在 20 世纪 60 年代高级程序语言如 COBOL 和 FORTRAN 开始取代汇编成为语言所选的时候。批评家正确地指出使用高级语言编写的程序天生就比手写的汇编语言来得慢，而且必然如此。而高级语言支持者认为这么点小小的性能损失是值得的，因为 COBOL 和 FORTRAN 程序更容易编写和维护。

使用 C++语言编写的游戏非常多，事实上，大多数的商业游戏都是使用 C 和 C++编写的。使用 C++语言的优点是组织大型程序时比 C 语言好用得多，C++具有很好的支持面向对象机制，使用通用的数据结构，如链表和可增长的阵列组成的库减轻了由于处理底层细节的负担。其缺点是非常大而复杂，与 C 语言一样存在语法滥用问题，比 C 慢，大多数编译器没有把整个语言正确地实现。从移植性方面来讲，C++比 C 语言好多了，但是仍然不是很乐观，因为它具有与 C 语言相同的缺点。大多数可移植性用户界面都使用 C++对象实现。

3. C#语言

C#(英文念法是 C Sharp)，是微软为 .net 平台量身定做的程序语言。C#具备了 C/C++的面向对象的功能，并且提供了类似 Visual Basic 一样简易使用的特性，以及微软新的 .net 平台自动提供记忆体管理与安全性的优点。

过去讲到 C#，大多把它当成在 .net 平台上处理商用程序的一种程序语言，很多实际在游戏业界工作的程序员不把它作为游戏开发的主要程序语言。因为游戏软件对效率的需求很高，所以需要的是高效率的 C/C++，才能让游戏软件充分利用电脑的每一分能力。不过这个传统的观念也因为两个主要的原因而逐步被颠覆了。首先游戏的规模越做越大，事实上全部的游戏都使用 C/C++来开发是很耗费时间与人力的。而且程序越写越大后，超过十万行的 C/C++程序到了游戏制作的后期，只要改动一个小地方，可能就要重新编译一次程序，这个过程是很浪费时间的。C#正是一个在 PC 上可以使用的简化程序语言，由于它是 C/C++的简化与改良，所以写起来更为容易，也较易被习惯 C/C++语言的程序员所接受。另一个原因则是 PC 硬件的进步。在 CPU 速度越来越快的时代，一款游戏所有的程序模块已经不需要全部都使用最有效率的 C/C++语言开发。许多游戏处理的逻辑使用像 C#、VB 这样在微软 CLR(公共语言运行库)环境执行虚拟码的方式是没有问题的。只要不是属于极端需要速度的程序代码，使用 C#来开发并不会造成游戏执行速度变慢(至少不会慢到无法忍受)。

4. 汇编语言

汇编是第一个计算机语言，汇编语言实际上是计算机处理器实际运行指令的命令形式表示法，用汇编语言编写程序意味着程序员要与处理器的底层打交道，比如寄存器和堆栈。确切地说，任何能在其他语言里做到的事情，汇编都能做，只是不那么简单。

总的来说，汇编语言不会在游戏中单独应用。游戏使用汇编主要是使用它那些能提高性能的部分。比如说，DOOM 整体使用 C 语言来编写，但有几段绘图程序则使用汇编语言编写，这些程序每秒钟要调用数千次，因此，尽可能地简洁将有助于提高游戏的性能。而从 C 里调用汇编语言编写的函数是相当简单的，因此同时使用两种语言不成问题。汇编的优点是它是最小、最快的语言，汇编高手能编写出比任何其他语言实现起来快得多的程序。汇编语言的缺点就是难学及语法晦涩，由于坚持效率而造成大量额外代码产生。汇编的移植性接近零，因为这门语言是为一种单独的处理器设计的，根本没有移植性可言，如果使用了某个特殊处理器的扩展功能，代码甚至无法移植到其他同类型的处理器上。

5. Pascal 语言

Pascal 语言是由 Nicolas Wirth 在 20 世纪 70 年代早期设计的，因为他对于 FORTRAN 和 COBOL 没有强制训练学生的结构化编程感到很失望，Pascal 被设计来强行使用结构化编程。最初的 Pascal 被严格设计成教学之用，而大量的拥护者促使它闯入了商业编程中。当 Borland 发布 IBM PC 上的 Turbo Pascal 时，Pascal 辉煌一时，集成的编辑器，闪电般的编译器加上低廉的价格使之变得不可抵抗，Pascal 编程成了为 MS-DOS 编写小程序的首选语言。然而时隔不久，C 编译器变得更快，并具有优秀的内置编辑器和调试器。Pascal 在 1990 年 Windows 开始流行时走向衰落，Borland 放弃了 Pascal 而把目光转向了为 Windows 编写程序的 C++，Turbo Pascal 很快被人遗忘。后来，在 1996 年，Borland 发布了它的"Visual Basic Killer"——Delphi。Delphi 是一种快速的带有华丽用户界面的 Pascal 编译器，它很快赢得了一大群爱好者。基本上，Pascal 比 C 简单，虽然语法类似，但它缺乏很多 C 有的简洁操作符。这既是好事又是坏事，虽然写出的代码易于理解，但同时也使得一些低级操作，如位操作变得困难起来。

使用 Pascal 编写的游戏并不多。Pascal 语言的优点就是易学，缺点是面向对象的 Pascal

继承者(Modula、Oberon)尚未成功，语言标准不被编译器开发者认同。Pascal 的移植性很差，语言的功能由于平台的转变而转变，没有移植性工具包来处理平台相关的功能。

6. Visual BASIC(VB)语言

20 世纪 80 年代是 BASIC 的时代，它几乎是所有程序初学者学习的第一个语言。最初的 BASIC 形式虽然易于学习，却是无组织化的，它义无反顾地使用了 GOTO 充斥的代码。当回忆起 BASIC 的行号和 GOSUB 命令，仍然令人为之叹息。到了 20 世纪 90 年代早期，微软取得了一个小巧的名为 Thunder 编程环境的许可权，并把它作为 Visual BASIC 1.0 发布，其用户界面在当时非常具有新意。这门语言虽然还叫做 BASIC，但更加结构化，行号也被去除。实际上，这门语言与那些内置于 TRS-80、Apple II 及 Atari 里的旧的 ROM BASIC 相比，更像是带 BASIC 风格动作的 Pascal。经过 6 个版本的发展，Visual BASIC 变得非常漂亮，用户界面发生了许多变化，但仍然保留着“把代码关联到用户界面”的主旨，这使得它在与即时编译结合时变成了一个快速、原型的优异环境。

使用 Visual BASIC 编写的游戏有一些是共享的，还有一些是商业性的。使用 VB 的优点是具有整洁的编辑环境、易学、可即时编译；缺点是程序很大，而且运行时需要几个巨大的运行时动态链接库。虽然表单型和对话框型的程序可很容易地完成，但要编写好的图形程序却比较难。VB 调用 Windows 的 API 程序非常笨拙，因为它的数据结构没能很好地映射到 C 中。VB 有 OO 功能，但却不是完全的面向对象。在移植性方面，因为 Visual BASIC 是微软的产品，自然就被局限在实现它的平台上，其移植性表现得非常差。也就是说，唯一的选择就是 Windows。当然，现在已有一些工具能将 VB 程序转变成 Java 程序。

7. Java 语言

Java 是由 Sun 公司最初设计用于嵌入程序的可移植性“小 C++”。在网页上运行小程序的想法着实吸引了不少人的目光，于是，这门语言迅速崛起。事实证明，Java 不仅仅适于在网页上内嵌动画，它还是一门极好的完全的软件编程的小语言。“虚拟机”机制、垃圾回收以及没有指针等使它很容易实现，成为不易崩溃且不会泄漏资源的可靠程序。Java 从 C++中借用了大量的语法，也丢弃了很多 C++的复杂功能，从而形成了一门紧凑而易学的语言。与 C++不同的是，Java 是强制面向对象编程的，要在 Java 里写非面向对象的程序是非常困难的。

使用 Java 的优点是二进制码可移植到其他平台，程序可以在网页中运行，内含的类库非常标准且极其健壮，自动分配和垃圾回收功能可以避免程序中的资源泄漏，在网上还可以找到数量巨大的代码例程。缺点是使用一个“虚拟机”来运行可移植的字节码而非本地机器码，程序将比真正编译器慢。有很多技术(例如“即时”编译器)极大地提高了 Java 的速度，但速度还是比不过机器码方案。

综上所述，C 语言适于编写快而小的程序，但不支持面向对象的编程。C++完全支持面向对象，但是非常复杂。Visual BASIC 与 Delphi 易学，但不可移植且有专利权。Java 有很多简洁的功能，但是速度慢。

4.2.2　游戏程序的开发环境

针对游戏本身最基础的图形等技术，如果没有一套完善的开发环境，就必须要自己通过代码编写架起一套与计算机能够沟通的桥梁，对于一个游戏设计者来说，这是一件既花时间、又费精力的工作。因此在计算机硬件与游戏程序代码之间可以加入图形 API 作为桥梁，一来解决自行开发沟通工具的困难，二来图形 API 都由较底层的方式构成，处理速度也比较快。

API 的出台使得游戏开发者的工作更加轻松、容易。应用程序接口 API(Application Programming Interface)是连接应用程序、操作系统和底层硬件的纽带。通俗点说，API 就是软件函数(接口)的集合，这些预先编写好的函数可以对硬件进行直接控制，它最大的优点就是通用性和方便性。目前可接触到的图形 API 分为 OpenGL 和 DirectX 两大体系。前者是一项开放性的标准，主攻专业图形应用和 3D 游戏，由“OpenGL 架构委员会”掌控，其成员包括业内各大厂商，目前主要推动标准发展的实际领导者是 3Dlabs。DirectX 则是微软制定的 API 标准，除了图形 API 功能外，它还包含音频 API 等功能，只不过其图形部分升级最快，也最为人所知。DirectX 针对的主要是娱乐应用，目前最新的 DirectX 10 API 功能极为强劲。

1. OpenGL

OpenGL API 开始是由 SGI 为开发 2D 和 3D 图形应用提出的，它是一个跨平台的，与销售商无关的 API。OpenGL API 是一个只用于图形、跨平台和对供应商中立的 API，计划使用 C 和 C++程序语言，但是也捆绑了大量其他程序语言，如 Java 和 FORTRAN。OpenGL 广泛应用于信息可视化、虚拟现实、可视化科学、计算机辅助设计(CAD)和游戏开发。

当 OpenGL 在处理绘图数据时，它会将数据填满整个缓冲区，而这个缓冲区内的数据包含指令、坐标点、材质信息等，在由指令控制或缓冲区被清空(Flush)的时候，将数据送往下一个阶段去进行处理。在下一个处理阶段，OpenGL 会进行坐标转换与灯光(Transform & Lighting)的运算，其目的是计算物体实际成像的几何坐标点与光影位置。在完成上述处理过程之后，其数据会被送往下一个阶段。在这个阶段中，其主要的工作是将计算出的坐标数据、颜色与材质数据经过扫描显像(rasterization)的技术来建立一个影像，然后影像再被送至绘图显示装置(Frame Buffer)的内存中，最后才由绘图显示装置将影像呈现于屏幕上，如图 4-1 所示。

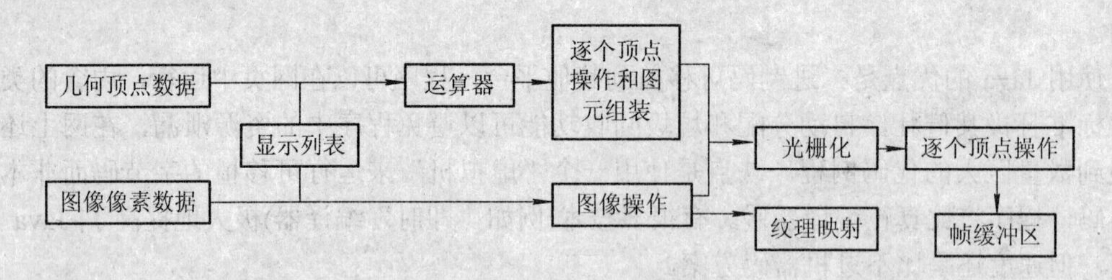

图 4-1　OpenGL 基本工作流程

2. DirectX

DirectX 是一种 Windows 系统的 API，它可以让以 Windows 为操作平台的游戏或多媒体程序获得更高的执行效率，而且还可以加强 3D 图形成像和丰富的声音效果，另外提供给设计人员一个共同的硬件驱动标准，让游戏开发者不必为每一个厂商的硬件设备编写不同的驱动程序，同时也降低了使用者安装及设置硬件的复杂度。

当 DirectX 初始化后，它会校验硬件是否支持应用需要的某个功能。如果硬件支持这个功能，则使用硬件抽象层 HAL(The Hardware Abstraction Layer)来访问硬件功能；否则将使用硬件模拟层 HEL(The Hardware Emulation Layer)，用软件来模拟这个功能。Direct3D 与硬件之间的关系如图 4-2 所示。

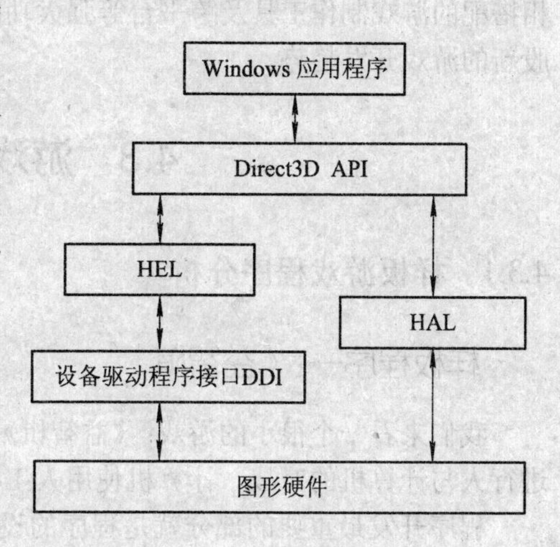

图 4-2　Direct3D 与硬件之间的关系

DirectX 的各类组件如下：

(1) DirectX Graphics：包含两个 API，DirectDraw 用于绘制光栅图形，Direct3D(D3D)用于绘制 3D 初始图形。

(2) DirectInput：用于处理从键盘、鼠标、操纵杆以及其它游戏控制器发出的数据。

(3) DirectPlay：用于游戏网络通信。

(4) DirectSound：用于记录和回放声音波形。

(5) DirectSound3D：用于 3D 声音回放。

(6) DirectMusic：用于回放 DirectMusic Producer 中创作的声道。

(7) AudioVideoPlayback：用于播放视频和音频。

(8) DirectSetup：用于安装 DirectX 组件。

(9) DirectX Media：由 DirectAnimation，DirectX Transform 和动画 DirectShow，交互 DirectShow，流媒体应用 DirectShow 组成。

(10) DirectX Media Objects：用于对流对象提供支持，例如编码器、解码器和效果。

DirectX 的 API 按照性质不同可以分为四大部分：显示部分、声音部分、输入部分和网络部分。

显示部分担任图形处理的关键，分为 DirectDraw(DDraw)和 Direct3D(D3D)，前者主要负责 2D 图像加速，它包括很多方面：播放 DVD 电影、看图、玩 2D 小游戏等，都是用的 DDraw。后者则主要负责 3D 效果的显示，比如 CS 中的场景和人物、FIFA 中的人物等，都是使用了 DirectX 的 Direct3D。

声音部分中最主要的 API 是 DirectSound，除了播放声音和处理混音之外，还加强了 3D 音效，并提供了录音功能。

输入部分的 DirectInput 可以支持很多的游戏输入设备，它能够让这些设备充分发挥最佳状态和全部功能。除了键盘和鼠标之外还可以连接手柄、摇杆、模拟器等。

网络部分的 DirectPlay 主要就是为了具有网络功能的游戏而开发的，提供了多种连接方式，TPC/IP，IPX，Modem，串口等，让玩家可以用各种联网方式来进行对战，此外也提供网络对话功能及保密措施。

有了这些 API 可以大大降低程序员的工作量与工作难度。然而由于 3D 描绘的技术更新越来越快，使得游戏的开发难度日渐升高，因此将常用的部分慢慢地抽离出来以提高重用性是一个降低开发成本的好方法，这些模块集合起来之后便形成 3D 游戏引擎的雏形。3D 游戏引擎的优点就在于提供稳定的游戏开发平台、最新的动画或绘图功能、与游戏引擎互相搭配的游戏制作工具及跨平台等强大功能，因此利用3D游戏引擎来开发游戏已经成为一股新的游戏开发趋势。

4.3 游戏基础编程技术

4.3.1 样板游戏程序分析

样板程序一：《益智棋》

我们来看一个很小的游戏：《益智棋》，在这个游戏中，玩家和计算机玩一个井字游戏，进行人与计算机的对战。计算机使用人工智能进行控制。

程序开发最重要的部分就是程序的设计。在程序员编写任何游戏代码之前，游戏设计人员都需要在书面概念、设计文档以及原型上花费大量的时间。在设计工作完成之后，程序员开始他们的工作，这需要更多的规划。只有在程序员编写了自己的技术性设计之后，他们才真正开始编写代码。设计非常重要！撕掉一张图纸比拆掉一幢50层大楼要容易得多。

1. 编写伪代码

伪代码并不是一种真正可执行的程序代码。因为对于程序中的大多数任务，都将使用函数实现，所以可以在非常抽象的级别上考虑这些代码。伪代码中的每一行都应该与一个函数调用非常相似。在这之后所要做的一切就是编写伪代码中所指出的函数。下面是伪代码：

```
Create an empty Tic-Tac-Toe board
Display the game instructions
Determine who goes first
Display the board
While nobody’s won and it’s not a tie
    If it’s the human’s turn
       Get the human’s move
       Update the board with the human’s move
    Otherwise
       Calculate the computer’s move
       Update the board with the computer’s move
    Display the board
    Switch turns
Congratulate the winner or declare a tie
```

2. 表示数据

现在已经制定好了计划，但是它相当抽象，讨论的是人们头脑中还没有真正确定的各种不同元素。在游戏棋盘上放一个棋子就表示走了一步。但是，究竟应该怎样表示游戏棋盘、棋子以及一次走棋呢？

要在屏幕上显示游戏棋盘，可以将一个棋子表示为一个单独的字符(‘X’或‘O’)，一个空白的棋子就是一个空格。因此，这个棋盘本身就是一个字符(char)数组。由于井字游戏棋盘上包括 9 个方块，因此这个数组应该包括 9 个元素。棋盘上的每一个方块都对应于该数组中的一个元素，如图 4-3 所示。

0	1	2
3	4	5
6	7	8

图 4-3　游戏棋盘示意图

棋盘上的每一个方块或位置都是由 0～8 之间的一个数字表示的，对应着数组中的 9 个元素。每一次走棋就是在一个方块中放置一个棋子，所以一次走棋也就对应着 0～8 之间的一个数字。因此，可以将走棋定义为一个整型(int)变量。正如游戏棋子一样，玩家和计算机双方也可以表示为字符(char)(‘X’或‘O’)类型。

3. 创建函数列表

伪代码提示了所需要的不同函数。创建一个函数列表，说明每个函数的作用、需要包括的参数以及将要返回的值，如表 4-1 所示。

表 4-1　函 数 列 表

函　　数	说　　明
void instructions()	显示游戏说明
char askYesNo(string question)	询问一个是否问题。接收一个问题，返回 'y' 或 'n'
int askNumber(string question,int high,int low=0)	要求输入特定范围中的一个数字。接收一个问题、一个较小的数字以及一个较大的数，返回 low 到 high 范围之内的一个数字
char humanPiece()	确定人类玩家的棋子。返回 'X' 或 'O'
char opponent(char piece)	对于给定的棋子，计算对方的棋子。接收 'X' 或 'O'，返回 'X' 或 'O'
void displayBoard(const vector<char>& board)	在屏幕上显示棋盘。接收一个棋盘
char winner(const vector<char>& board)	确定游戏的获胜者。接收一个棋盘，返回 'X'、'O'、'T' (平局)或'N'(没人获胜)。
bool isLeagal(int move,const vector<char>& board)	确定一次移动是否合法。接收一个棋盘和一次移动，返回 true 或 false
int humanMove(const vector<char>& board, char human)	获得玩家的移动。接收棋盘和玩家的棋子，返回玩家的移动
int computerMove(vector<char>& board,char computer)	计算计算机的移动。接收一个棋盘和计算机的棋子，返回计算机的移动
void announceWinner(char winner,char computer, char human)	祝贺获胜者或宣布平局。接收获胜一方、计算机的棋子以及玩家的棋子

此程序源代码详见附录 B。

样板程序二：《星球大战》

1. 游戏简介

《星球大战》是关于太空入侵者的竞技类游戏。在《星球大战》中，玩家控制代表人类的战舰在屏幕底部移动，战舰上配有激光炮作为武器。外星人联军在屏幕上方来回移动，向下投射炸弹，在屏幕顶部逐渐移动到屏幕下半区域。玩家的激光炮有无限的弹药，玩家不仅要朝着外星人开火以摧毁他们，同时也要躲避外星人投下来的炸弹。

2. 游戏规则

(1) 避免战舰被外星人射出的炸弹射中。

(2) 使用激光炮朝着移动的外星人军队开火，打击外星人。

(3) 通过反复摧毁外星人的军队，获得尽可能高的点数。

3. 游戏设计

(1) 《星球大战》是单人游戏。玩家的对手是计算机，计算机控制外星人军队的移动和攻击。

(2) 游戏开始时，出现一个持续 3 秒钟的闪屏(Splash)，显示背景图形和游戏名称。闪屏在保持 3 秒之后，被主菜单画面所替换。

(3) 主菜单有 3 个选项："PLAY GAME"、"HELP"和"EXIT"。玩家可以使用上下箭头键和 Enter 键选择特定菜单项。主菜单中还使用了 UFO 动画来突出所选选项。如果菜单项被选中，UFO 呈现爆炸动画。

(4) "PLAY GAME"选项用来开始游戏。"HELP"选项显示游戏的玩法和规则。"EXIT"选项退出游戏并关闭游戏窗口。

(5) 选择"HELP"选项，帮助画面会出现并显示 10 秒，之后返回到主菜单。

(6) 选择"PLAY GAME"选项时，第一个游戏屏幕将显示就绪状态。此屏幕包含 60 个外星人，共 6 行，每行 10 个，每行外星人的颜色和特征不同。战舰位于游戏窗口底部中间，激光炮位于战舰顶部。通过使用左右箭头键，可以左右移动战舰。游戏窗口的底部显示了游戏的统计信息，如玩家剩余的生命数、正在玩的关卡以及当前的积分。

(7) 当玩家按下空格键时，激光炮发出炮弹，游戏开始。

(8) 按下空格键向上垂直发射炮弹，炮弹发出后不能随着战舰左右移动，并在其到达游戏窗口的顶边时消失。

(9) 如果炮弹击中外星人军队中的任意一个外星人，则该外星人图像爆炸且玩家赢得消灭对方的奖励点数。

(10) 消灭不同类型的外星人有不同的奖励点数。消灭最下面一排的每个外星人的积分值为 10 点，向上每行递增 10 点。消灭最上面一排的一名外星人可获得 60 点积分。

(11) 随着关数的增加，外星人军队发出的炮弹数也会增加，这增加了游戏的难度。如果外星人发出的炮弹撞到战舰，则战舰会爆炸，同时玩家的生命值减 1，整个外星人军队重置，并用剩余的生命数重新开始相同的关卡。玩家的初始生命值为 3。

(12) 如果生命值减到 0，则游戏结束，玩家可以重新开始玩游戏或退出游戏。

几种状态下的游戏截图如图 4-4 所示。

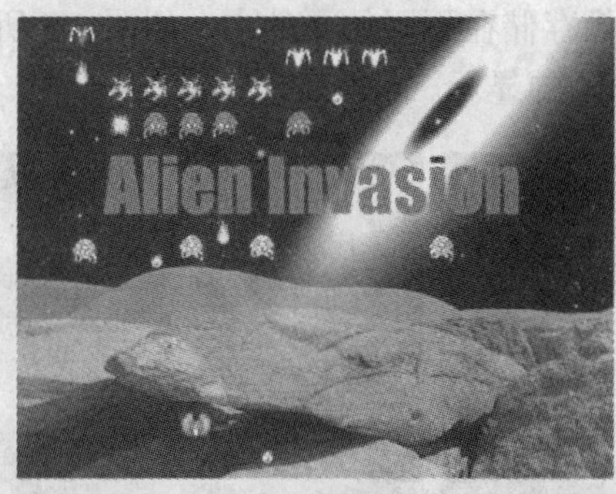

(a) 初始界面

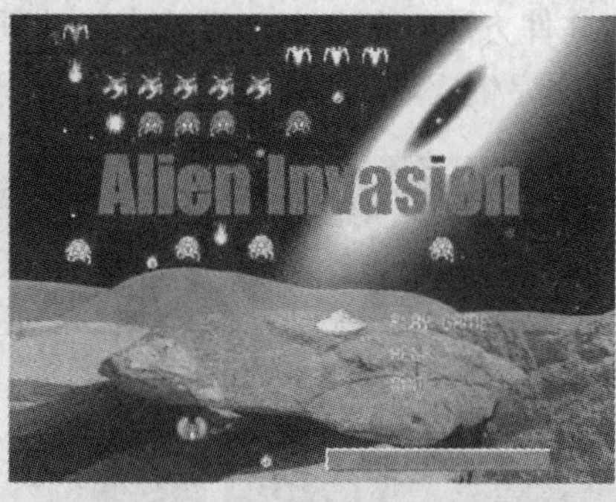

(b) 菜单界面

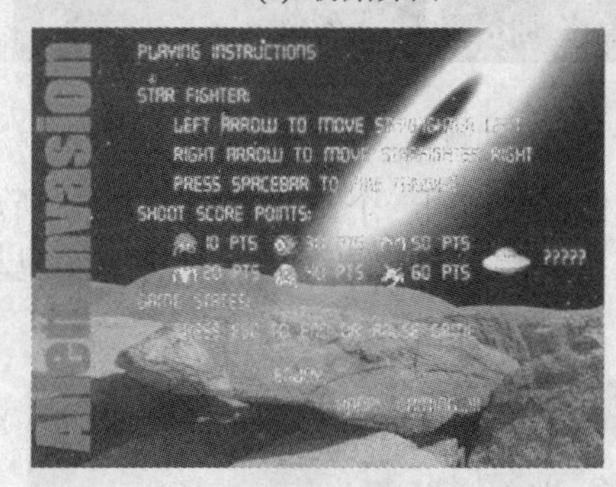

(c) 游戏帮助画面

(d) 游戏运行状态

图 4-4　游戏截图

4. 程序介绍

1) *初始化 DirectX 图形*

(1) 创建图形设备；

(2) 设置设备的协作级别；

(3) 创建主平面和次平面；

(4) 为主平面创建剪切；

(5) 将内容从次平面转换到主平面。

2) *构建基本游戏循环*

在游戏中，玩家可以通过输入设备提供输入信息，控制游戏角色以使其表现出某种行为，而有些角色是由游戏智能控制的。游戏控制的角色与玩家控制的角色必须能够同时行动，以使他们之间的行为协调一致。这种一致是通过游戏循环来实现的。游戏循环执行一次称作一帧，每一帧都可以完成与图像、物理和游戏智能相关的一组活动。游戏循环通过不断地改变画面帧实现动画，当其执行的速度达到 60 fps 时，就会得到一个动态的游戏了。在游戏循环中处理的事件有：

(1) 利用游戏循环与键盘移动角色；

(2) 使用定时器控制角色的速度与行为；

(3) 检测角色之间的碰撞。

3) *游戏中动画的实现*

动画是一种运动的幻觉，根据图像文件类型的不同通常有两种方法来创建动画。

(1) 多文件方法：在多文件方法中，动画图像存储在不同的文件中，如图 4-5 所示，程序以正确的次序依次显示各个图像文件，实现动画的显示。

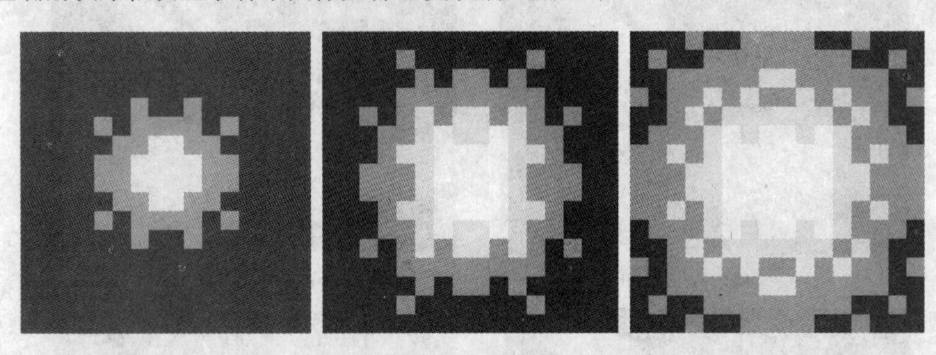

图 4-5　多文件方法创建动画

(2) 单文件方法：在单文件方法中，动画图像存储在同一个文件中，如图 4-6 所示，程序需要从图像文件中截取相应的部分，使用正确的顺序依次显示每一部分，实现动画的显示。

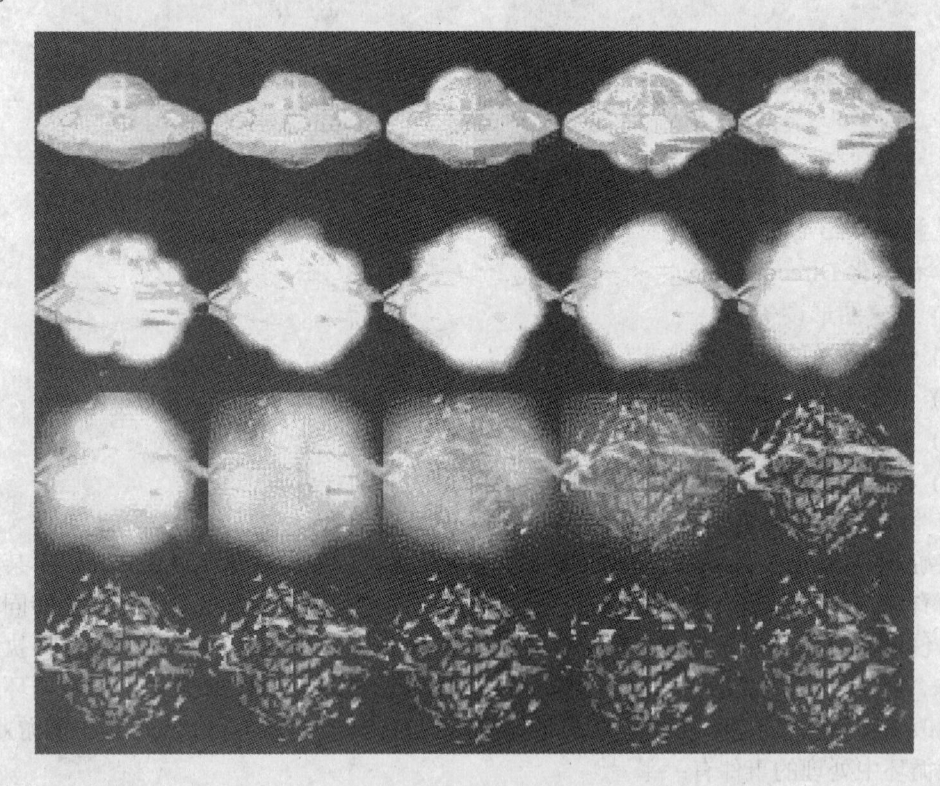

图 4-6　单文件方法创建动画

4) *在游戏中播放音频和视频*

(1) 将播放各种音频和视频需要的各种 DirectX API 添加到工程中；

(2) 利用 AudioVideoPlayback API 播放音频和视频文件；

(3) 利用 DirectSound 播放音频。

样板程序三：手机游戏《拯救美人鱼》

1. 游戏简介

浩瀚的大海中住着一群可爱、活泼的美人鱼，蔚蓝的大海是她们幸福、快乐的家。然而有一天这一片海域被一个女巫占据了，她嫉妒美人鱼的美丽，她的咒语让海水发生了变化，美人鱼难以在这片海域再生存下去。玩家控制一艘救援船寻找需要救援的美人鱼，并将带她们驶往另一片纯净的海域。游戏的目的就是尽可能多地拯救美人鱼。在前进途中会有浮冰和鲨鱼来增加营救任务的难度。游戏中，船的燃料有限，而且每次碰到浮冰和鲨鱼，燃料就会减少。当然，也可以通过拾取漂浮的汽油桶来补充燃料。当救援船消耗完所有的燃料后，船就会失去前进的动力，游戏就结束了。

2. 游戏设计

游戏的运行界面如图4-7所示。

图4-7　《拯救美人鱼》运行界面

此游戏中包含2个美人鱼、2个汽油桶、3块浮冰和3个鲨鱼。注意：这里“消极”的精灵(sprite)(浮冰和鲨鱼)要比“积极”的精灵(美人鱼和汽油桶)多。保证消极的精灵多于积极的精灵，这种倾向是必要的，它能够确保玩家最终会失败而不是永远地玩下去或者直到产生厌倦。游戏需要8个位图图像：信息栏图像、带有水域贴图的背景图像、带有陆地贴图的背景图像、救援船精灵图像、美人鱼精灵图像、汽油桶精灵图像、浮冰精灵图像和鲨鱼精灵图像。部分游戏精灵图像如图4-8所示。

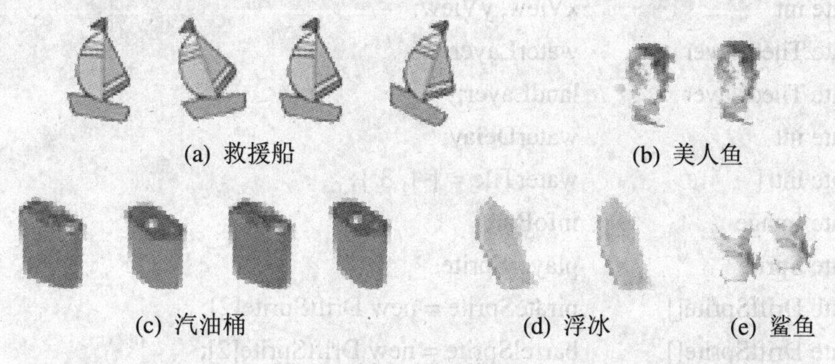

(a) 救援船　(b) 美人鱼

(c) 汽油桶　(d) 浮冰　(e) 鲨鱼

图4-8　游戏中的精灵图像

除了游戏中的大多数图形对象，还需要考虑以下游戏必须维护的其他数据。比如跟踪救援船剩下了多少能量，游戏“分数”(也就是有多少美人鱼已经被救起来)，还需要一个Boolean 变量来表示游戏是否结束。概括一下，《拯救美人鱼》游戏需要管理下面的一些信息：

(1) 救援船剩下多少能量；

(2) 分数，也就是救起来的美人鱼的数目；

(3) 一个表示游戏结束的 Boolean 变量。

3. 游戏开发

1) 创建一个漂移精灵

精灵漂移的功能由 DriftSprite 类来实现，这个类的功能相当简单，只是以固定的速度随机移动。对象以较低的速度移动看上去才像是漂移，而较高速度的对象看上去像是在自主移动。另外，这种功能能满足需要，因为游戏中的美人鱼、汽油桶和浮冰精灵都需要看上去是在漂移，而鲨鱼则可以移动的稍快一点，因为它可以自己游动。

DriftSprite 类只需要两个成员变量来执行漂移功能：

```
private int speed;
private TiledLayer barrier;
```

变量 speed 就是精灵的速度，它按照每个游戏循环多少像素来衡量。一般来讲，如果希望看到精灵漂移，速度值为 1 或 2 时比较合适，较高的值就会看起来像是在自主地移动了。

变量 barrier 则是一个平铺图层，它用作精灵的障碍。之所以需要这个变量是因为在很多游戏中都需要一个平铺图层来作为大多数精灵的障碍。这个图层可以是迷宫、停机坪或者只是地面，但是大多数的游戏都会用到这样一个障碍物图层。

DriftSprite 中的两个成员变量都在 DriftSprite()构造函数中初始化。

DriftSprite 类中的 update()方法按照随机的方向移动精灵，并检测它和障碍物图层之间的冲突。

2) 声明成员变量

毫无疑问，《拯救美人鱼》游戏首先从一个定制的画布类 HSCanvas 开始。HSCanvas 类负责《拯救美人鱼》游戏中的所有游戏逻辑。下面是定义在《拯救美人鱼》定制的画布类中的最重要的成员变量：

```
private LayerManager      layers;
private int               xView, yView;
private TiledLayer        waterLayer;
private TiledLayer        landLayer;
private int               waterDelay;
private int[]             waterTile = { 1, 3 };
private Image             infoBar;
private Sprite            playerSprite;
private DriftSprite[]     pirateSprite = new DriftSprite[2];
private DriftSprite[]     barrelSprite = new DriftSprite[2];
```

```
private DriftSprite[]        mineSprite = new DriftSprite[5];
private DriftSprite[]        squidSprite = new DriftSprite[5];
private Player               musicPlayer;
private Player               rescuePlayer;
private Player               minePlayer;
private Player               gameoverPlayer;
private boolean              gameOver;
private int                  energy, piratesSaved;
```

前几个变量用来存储图层管理器、视图窗口位置、水域图层和陆地图层。变量 waterDelay 和 waterTile 负责实现水域图层中的水域动画效果。

变量 infoBar 保存的位图图像在屏幕顶部用做玩家能量和救起的美人鱼数目的背景。然后，创建了几个精灵，包括玩家的救援船精灵，一对美人鱼精灵和一对汽油桶精灵，3 个浮冰精灵和 3 个鲨鱼精灵。在整个游戏中没有再创建其他的精灵，而是简单地重用精灵，给人造成的错觉则好像是游戏中有更多的精灵。

接下来，游戏的声音效果和音乐借助不同的 Player 变量播放。最后，游戏的状态通过变量 gameOver、energy 和 piratesSaved 反映出来。

3) *组合 start()方法和 update()方法*

《拯救美人鱼》游戏中的 start()方法有很多职责，它负责处理所有和游戏相关的初始化工作。update()方法在每个游戏循环中调用一次，并且负责更新精灵和图层、检测冲突和保持游戏运行。在《拯救美人鱼》中，update()方法开始先检查看游戏是否结束，如果结束了，它会开始一个新的游戏作为对用户按下 Fire 按键的响应。

```
private void update() {
  // Check to see whether the game is being restarted
  if (gameOver) {
    int keyState = getKeyStates();
    if ((keyState & FIRE_PRESSED) != 0)
      // Start a new game
      newGame();

    // The game is over, so don't update anything
    return;
  }
```

开始一个新游戏只需要简单调用 newGame()方法，调用之后，update()立即返回，因为在这个特定的游戏循环中，没有理由再继续更新一个新开始的游戏。

4) *绘制游戏屏幕*

借助图层管理器在《拯救美人鱼》中绘制游戏屏幕比较直接。HSCanvas 类中的 draw()方法代码的第一段负责绘制信息栏，信息栏包括一个位图以及覆盖在位图上的一个能量条和获救海盗的数目。能量条通过调用 fillRect()方法来绘制，并且所有的文本都会在 drawstring()方法中绘制。Draw()方法的中部通过一行代码来绘制图层，接下来绘制游戏结束消息。如果游戏结束了，就绘制游戏结束消息，其中包含“GAME OVER”的字样，接着显示有多少个海盗被救起，这相当于游戏的分数。

5) 安全地放置精灵

placeSprite()方法负责在游戏地图上随机地放置精灵。要随机地把精灵放置到游戏地图上的一个“安全”位置，只需要随机放置精灵并且检测它和陆地图层之间的冲突。如果有冲突，就重新尝试。放置/尝试的过程形成循环，这样就能重复进行直到能够找到一个成功的位置。

此程序源代码详见附录C。

4.3.2　基本编程技术

所谓程序，就是一组计算机系统能识别和执行的指令。每一条指令可以使计算机实现特定的任务、完成相应的操作。计算机程序就是一条条可以连续执行、并能完成一定任务的指令的集合。使用适当的指令，可以实现所设计的游戏，否则，就是乱码。

由于计算机只能识别与执行由 0 和 1 组成的二进制指令，所以在计算机诞生初期，人们必须用机器语言编写程序，那时只有极少数计算机专家才能熟练地使用计算机。随着计算机技术的推广应用，编程语言也得到了迅猛发展，先后出现了多种接近自然语言的高级计算机语言，目前在游戏编程方面使用最多的是C++。

使用编程语言，可以通过编写语句来控制计算机的所有部件，比如显示器、声卡、鼠标、键盘及其他外部设备。使用编程语言，可以在屏幕上显示外星人入侵的星球大战，还可以播放音乐，添加音效。要成为一名游戏开发程序员，必须掌握一门高效、好用的编程语言。

用高级语言编写的程序称为“源程序”。为了使计算机能执行高级语言源程序，必须先用一种称为“编译程序”的软件，把“源程序”翻译成二进制的“目标代码”，然后再将该目标程序与系统的函数库以及其他目标程序连接起来，形成可以执行的“可执行代码”。本文以 C++ 语言为例来解释这一过程。C++程序的这一编写及运行过程可以归纳为四个阶段：编辑、编译、连接、运行。

编辑，指运用C++语言编写以“.cpp”为扩展名的源代码文件。计算机不能直接执行源代码，只有经过编译、连接转换成二进制语言后才可以执行。

编译，指将编辑好的源代码文件编译成以“.obj”为扩展名的目标代码文件。目标代码是可重定位的程序模块，它不能直接运行。一个源程序文件由一个或多个函数组成，一个源程序文件是一个编译单位，在编译过程中，编译程序首先要对源程序中的每一个语句进行语法和简单的语义错误检查，当发现错误时，便显示错误提示。

连接，指把目标文件和其他编译生成的目标代码及系统提供的标准库函数连接在一起，生成以“.exe”为扩展名的可执行文件。

运行，指可执行文件在操作系统下执行。如果执行程序后没有达到预期目的，则需要调试，并重复进行编辑、编译、连接、运行，直到取得预期结果为止。

4.3.3　2D图形的程序控制

在开始进行游戏编程的时候，需要了解一些计算机图形图像如何操作的基本概念。在游戏中显示图形的工具是显示器(也称做屏幕或监示器)。显示器上显示的图形称为位图图像、像素图或光栅图形。一个光栅图形是由许多像素点组成的矩阵画面，这些像素点对应帧缓冲器中的位平面。这些“像素”其实就是一些整齐排列的彩色(或黑白)点，如果这些点被慢慢放大，就会看到一个个的“像素”中填充着自己的颜色，这些“像素”整齐地排列起来，就成为了一幅位图图片。图像文件格式各式各样，主要有 BMP、GIF、JPEG、TIF 等。各种格式之间的数据存储格式、数据压缩方法都不同。

图 4-9 所示是一个正在生气的外星人“可可”的照片，如果这个图片保存在计算机中，它被保存为位图格式，而所有的位图图片都是矩阵排列的。但是，游戏中可能只需要显示外星人“可可”，而不需要显示位图图像的背景，那么就需要把该图片中表示“可可”的像素点和屏幕中的所有其他图形结合起来一起显示，而不显示位图图像的背景部分的像素点。为了只显示“可可”而不显示背景像素点，游戏必须使图像的背景像素点变为透明色，这可以通过使用开放式图形库(OpenGL) 和游戏引擎来处理。在将一张图片添加到游戏中时，需要告诉游戏引擎哪一种颜色是背景色，图形库和引擎就会只显示图像内容而不显示背景色。

图 4-9　正在生气的外星人“可可”

4.3.4　2D 动画的程序控制

如果游戏中没有动画，会降低游戏的好玩性。如果想让图 4-9 中的外星人“可可”动起来，就需要使用电影和动画中使用的技术。电影最重要的原理是“视觉暂留”。科学实验证明，人眼在某个视像消失后，仍可使该物像在视网膜上滞留 0.1～0.4 s。电影胶片以每秒 24 格画面匀速转动，一系列静态画面就会因视觉暂留作用而造成一种连续的视觉印象，产生逼真的动感。胶片上的每一幅画面就称为一帧，每帧之中的画面只有很轻微的变化。

实际上，游戏程序所做的就是用每一帧渲染计算机内存的一块区域，这块区域叫缓存。大多数图形硬件同时支持前、后缓存。显示器上显示的是前缓存中的图像，当游戏应用程序显示前缓存(可见的)的时候同时将下一帧内容渲染到后缓存。当渲染结束的时候，这两个缓存进行交换，这样已经完成渲染的后缓存就变成了前缓存进行显示，而原来的前缓存就变成了后缓存，渲染就能在后缓存重新开始了。如此不断进行，就形成了动画。

以图 4-10 为例来描述帧动画的形成过程。图 4-10 显示了两行图片，标为前缓存的图片是当前屏幕上正在显示的帧，第一行中左边的图片是前缓存中的图像，在显示它的时候游戏同时将下一张图片渲染到后缓存。渲染结束后，游戏程序的两个缓存进行切换，如第二行所示。前缓存和后缓存进行了切换，原来的后缓存变成前缓存进行显示，同时游戏程序开始在左边的后缓存中渲染游戏人物的下一个动作。渲染结束后，缓存再进行切换，人物看起来就有了小幅移动。在游戏里实现这个动画并不困难，所有代码所要做的就是画每一帧，其余的事情交由图形库和游戏引擎实现。

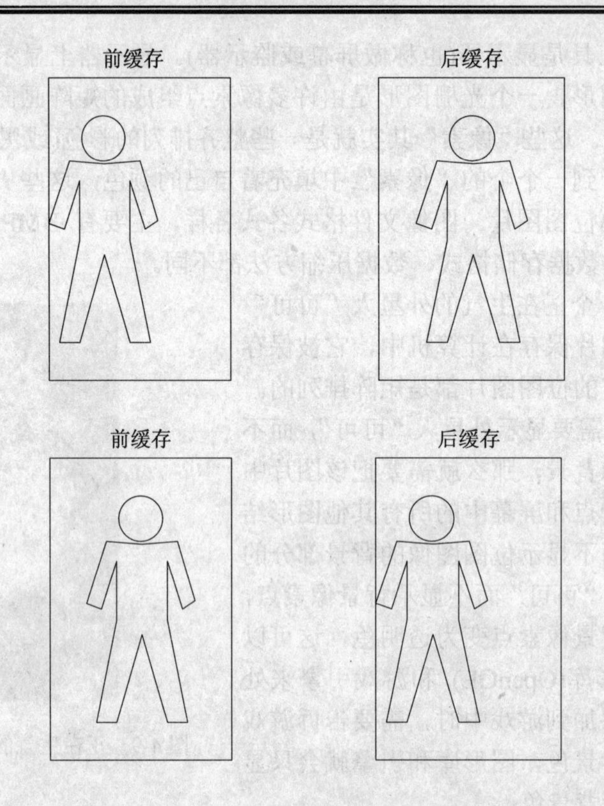

图 4-10　在前、后缓存中交换动画的帧

4.3.5　游戏界面的程序设计

游戏人机界面是玩家和游戏间的联系纽带，人必须通过人机界面控制计算机软硬件系统提供的功能，并从中获得所需要的信息反馈。好的人机界面美观大方，操作简单，可以使软件的用户倍感愉悦。一款成功的软件必是以成功的用户界面为前提的，因此，在游戏设计中更需要关注游戏的用户界面设计。

人机界面的硬件部分包括键盘、鼠标、游戏手柄、麦克风、数据手套和 Web 摄像机等，这些设备负责将用户的命令传送到计算机中。人机界面的软件部分包括屏幕上的窗口、视频、图像、文字、图标和对键盘、鼠标、游戏手柄、数据手套的反馈等。对于游戏程序员而言，人机界面设计侧重于软件方面，即在系统的软硬件环境下，定义和设计游戏的外观、交互手段与使用规则，达到和谐的人际环境，给予玩家真正的可玩性体验。

人机界面不是一个独立的开发过程，它总是与要开发的软件结合在一起的。在开发一款游戏时，不仅要致力于实现游戏的基本功能，还要设计游戏的人机界面。为了保证质量，保证玩家通过界面成功地开始游戏，一个复杂的人机界面必须遵循一定的方法和流程。下面介绍在一般的游戏界面设计中，设计人员应该遵守的几个原则和开发过程。

1. 人机界面设计原则

1) 界面人性化

操作界面就是介于游戏和玩家之间的沟通渠道，它越人性化，玩家就越容易理解；反之界面越生硬，玩家需要对其进行的额外思考就越多，使操作变得非常繁琐。

这种人性化还表现在对操作的智能简化方面，比如在游戏中如果玩家选择的是一个战士，那么下一步操作可能就是训练或战斗；如果选择的是一个农夫，那么对应的操作就是种地等。在游戏中不应出现当前不需要用到的指令，这样就使得整个界面更为清晰和干净。将界面设计得简明扼要，玩家就会很容易掌握如何根据界面进行操作。

2) 避免游戏界面干扰游戏显示区域

一般来讲，可以将游戏界面尽量放在游戏屏幕的边角位置，以避免干扰正常的游戏显示区域。在有些情况下，游戏世界需要出现一些类似于对话框的信息，例如游戏中的对话。如果游戏操作界面中没有安排对话框出现的位置，那么它们一般会在屏幕中心显示，这样就会对游戏本身进行遮挡，从而影响显示效果(见图 4-11)。因此如果游戏中含有大量的对话信息，最好还是给对话在游戏操作界面上留出相应的空间，以避免干扰正常的游戏显示区域(见图 4-12)。

图 4-11　游戏中对话遮挡了游戏显示区域

图 4-12　游戏对话避免干扰游戏显示区域

3) 简化控制模式

在PC游戏中，一般可以采用键盘和鼠标进行操作，或者使用二者的组合，但对于玩家来讲，过于复杂的操作环境不但容易令玩家感到困扰，而且复杂的键盘配置还容易产生记忆困难。

因而在设计人机界面时，应该让计算机更积极主动、更勤劳，做更多的工作，而让玩家尽可能少做操作，能更轻松、更方便地玩游戏。

2. 人机界面的软件开发过程

1) 调查研究

判断一个游戏的优劣，在很大的程度上取决于未来玩家的使用评价。因此，在游戏开发的最初阶段，尤其要重视游戏人机界面部分的用户需求，必须尽可能广泛地向游戏未来的各类潜在玩家进行调查研究。调查研究的手段一般有两种：一是通过收集玩家的相关资料，根据收集来的资料做进一步的分析，并把分析结果用来指导人机界面的设计；二是观摩研究其他相类似游戏的人机界面的设计，进而获得启发。

2) 基本概念设计

在调查研究之后，游戏设计者可以自由地发挥想象力和创造力来进行人机界面的概念设计，设计内容包括基本的功能结构(这些界面能实现什么功能，它们之间有什么样的联系)、信息结构(需要显示什么信息，哪些信息需要放在主界面中显示，哪些信息可以放在次要界面中显示)、屏幕显示和布局设计(什么地方显示游戏世界，什么地方显示人机界面)、输入输出设备的利用等，通常在概念设计阶段，设计者会把这些想法以图表的形式表达出来。

3) 生成界面原型

在经过基本概念设计后，开发人员用较短时间、较低代价开发出一个满足设计基本要求的简单的可运行系统。该系统可以演示人机界面基本功能或提供给玩家试用，让玩家进行评价并提出改进意见，进一步完善人机界面的设计。

4) 界面测试和评估

开发完成的游戏界面必须经过严格的测试和评估。评估可以使用分析方法、实验方法、玩家反馈以及专家分析等方法。可以对界面客观性能进行测试(如功能件、可靠性、效率等)，或者按照玩家的反馈进行评估，以便尽早发现问题，改进和完善设计。

5) 反复优化

通过界面测试和评估，设计人员就可以发现设计上存在的问题，在发现问题后进行分析并解决，而后继续测试，通过反复地测试与优化，最终得到满意的结果。

4.4 游戏高级编程技术

4.4.1 网络游戏的软件体系结构

虽然外表表现形式各有差异，但是所有网络游戏的底层游戏机制、数据结构和通信模型都是相似的：游戏世界由不变的地形信息、用户控制的人物、可变的对象(如装备等)、可分割的地形信息和由AI控制的非玩家角色(NPC)等组成。

在 DirectX 中，为游戏开发者提供了实现网络游戏的组件——DirectPlay。利用 DirectPlay，可以在游戏中通过简单的步骤实现网络通信。在国内，几乎都是使用 IP 网络实现计算机的网络通信。在 IP 网络中可以通信的主机都可以通过 DirectPlay 实现游戏的联网。DirectPlay 中实现游戏通信的单位是会话(Session)，一个会话代表一群玩家通过网络连接在一起进行相同的联机游戏。DirectPlay 中的会话是指所有人在一个通信组中，可以相互通信，并且使用相同联网游戏的玩家相互通信的过程。比如《星际争霸》中，6 个人加入一个创建游戏的主机开始进行对战，这在 DirectPlay 中就是一个通信会话。在一个会话中，任何一个游戏主机都可以和其他主机通信。当一个游戏玩家改变游戏中各种角色的位置时，就必须向其他所有在一个会话中的游戏主机发送更新消息，这样其他玩家才会看到游戏世界中的正确变化。在 DirectPlay 中，会话支持两种类型的消息拓扑结构——点对点模式和客户端/服务器模式。

1. 点对点模式

在点对点模式下，每台游戏主机都可以和其他的游戏主机进行通信。当游戏主机需要发送消息通知时，会向所有其他的游戏主机发送消息，如图 4-13 所示。

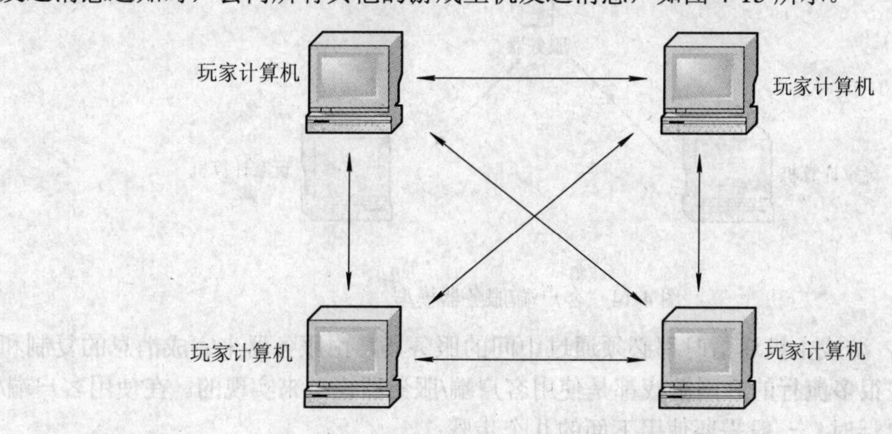

图 4-13　点对点模式下游戏主机间的通信

图 4-13 中，当一台游戏主机需要更新消息时，会向其他的三台游戏主机都发送信息。由于每台游戏主机之间都有通信消息，那么如果网络带宽过小，通信效率就会随着一个会话中游戏主机数量的增大而降低，最终就会影响游戏的实时性。因此，对于通信量大的网络游戏，不适合使用点对点模式的会话。在 DirectX 的开发文档中，对点对点模式的建议数目是一个会话中最多存在 20～30 台游戏主机。

在使用点对点模式的会话时，一般需要使用下面的几个步骤：

(1) 初始化点对点会话对象；

(2) 选择会话使用的网络协议；

(3) 指定会话中的宿主；

(4) 通过会话实现游戏通信；

(5) 离开和终止会话。

2. 客户端/服务器模型

客户端和服务器这两个术语可以追溯到 20 世纪 80 年代，用于指代连接到网络上的个人计算机。客户端/服务器也可用于描述两套计算机程序之间的关系——客户端程序和服务器程序。客户端向服务器请求某种服务(比如请求一个文件或数据库访问)，服务器满足请求并通过网络将结果传送到客户端。虽然客户端和服务器可以存在同一台计算机中，但是通常它们都运行在不同计算机上。一台服务器处理多个客户端请求也是很常见的。

在使用 DirectPlay 中的客户端/服务器模式时，在一个会话中，只有一台处于服务器角色的游戏主机，其他的游戏主机都是处于客户端角色。当处于客户端角色的游戏主机需要发送更新消息时，不是直接把消息发送到每一台游戏主机，而是把更新消息发送给服务器，由服务器来把消息发送给其他的游戏主机，如图 4-14 所示。

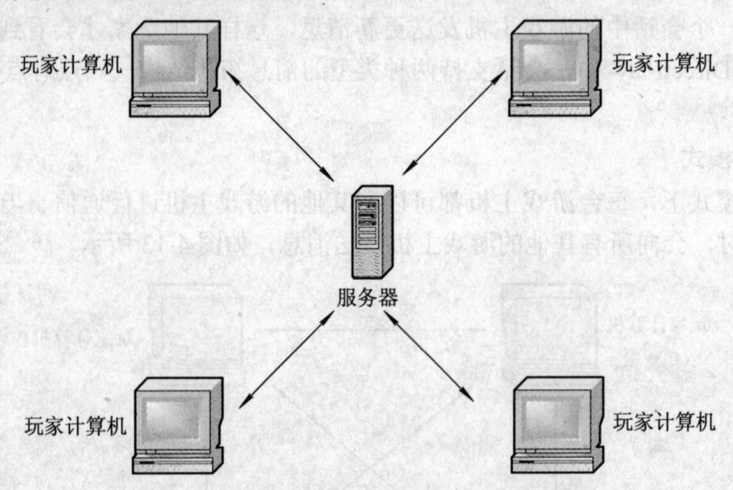

图 4-14　客户端/服务器模型

图 4-14 中，游戏主机通信时都必须通过中间的服务器，由服务器来完成消息的复制和发送处理。现在很多流行的联网游戏都是使用客户端/服务器模型来实现的。在使用客户端/服务器模型的会话时，一般需要使用下面的几个步骤：

(1) 初始化客户端/服务器会话对象；

(2) 选择会话使用的网络协议；

(3) 指定会话中的服务器；

(4) 通过会话实现游戏通信；

(5) 离开和终止会话。

4.4.2　游戏中的 3D 图形技术

产生真实的虚拟环境是计算机图形学孜孜以求的目标。在虚拟对象或场景的创建中要用到许多综合处理过程，每一种都非常令人感兴趣也非常重要。计算机辅助设计、科学可视化、模拟训练、医疗成像、娱乐、广告等，这些都要依赖于当今最前沿的计算机图形技术。今天，许多种 3D 计算机图形应用以极其惊人的速度成长着。最好的例子就是 3D 图形技术在娱乐行业中的应用，包括非常流行的计算机 3D 游戏。这就使得我们在计算机中得到了现实生活中不能够体验到的感觉，从驾驶战斗机到在热带丛林中冒险，无一不给人们极大的感官刺激。

3D 指被描述或显示的对象有宽度、高度和深度三个测量维度，又称为三维。由于 3D 计算机绘图最后只能在屏幕上呈现，而 Direct Graphics 绘图就像是拿着相机照苹果所洗出来的相片。如果让相片里出现苹果，当然一定要有苹果、相机和底片。先将苹果放在任何一个地方，如桌子或电视机上，再将相机对准苹果，装好底片，在适当的光线下按下快门，然后等底片洗出来即可。即由坐标转换(Transform)画出苹果的“形”，经过色彩计算(Lighting)决定苹果的颜色，由平面绘制(Raster)将照片“洗”出来。

在计算机的三维世界中，如果要显示一个物体，首先关心的就是这个物体怎样由点来构成，然后用这些点来构成多边形，由多边形来构成立体的几何形体。只要能确定点的位置、数量、颜色，就可以形成任何需要的物体。

1. 三维坐标系统

如何在三维世界中表示点的位置呢？和平面图形类似，三维世界中的点可以在坐标系中唯一地确定下来。图 4-15 则分别描述了以下两种三维坐标系统：左手坐标系和右手坐标系。

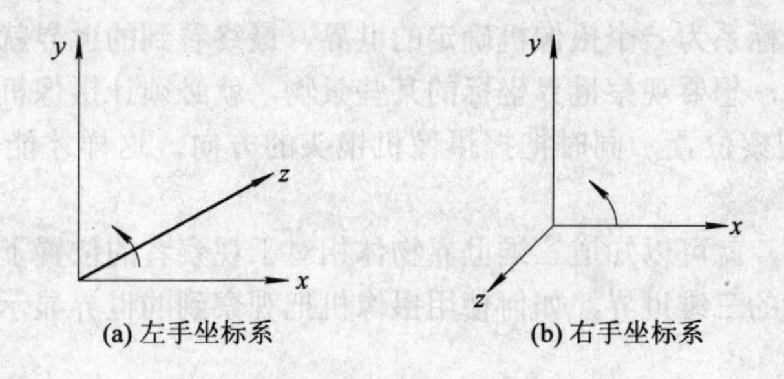

图 4-15　三维坐标系统

在左手坐标系中，使用左手来确定三维坐标系。如图所示，左手四指弯曲，拇指与四指垂直，当四指弯曲的方向是 x 坐标轴(正方向)绕向 y 坐标轴(正方向)的方向时拇指所指的方向就是 z 坐标轴的正方向。右手坐标系即使用右手进行相应的判断。由此可见，左手坐标系中 z 轴离我们而去，右手坐标系中 z 轴迎我们而来。使用左手坐标系，可以保证永远使用正的 z 值来表示距离，再远也没有关系。这也比较符合日常的习惯，最重要的是可以方便程序的处理，所以在 Direct3D 中，使用了左手坐标系统来表示整个世界的位置。

2. 观察坐标系

在三维坐标中观察世界时，需要确定以下两个问题：观察位置和观察方向。

1) 观察位置

需要使用坐标来表示观察点的准确位置，这个坐标是在计算机中的世界坐标系中的值。

2) 观察方向

对于观察者来说，观察方向代表上方的方向。必须指定上方是哪个方向，才能看到正确的三维世界。

当上面两个问题确定以后，实际上就可以建立一个以观察者为原点的三维坐标系，这就是观察坐标系。把原来世界坐标系中所有物体的坐标转换为观察坐标系中的坐标以后，就可以知道每一个三维物体相对于观察者的位置了。图 4-16 显示了世界坐标系和观察坐标系的关系。

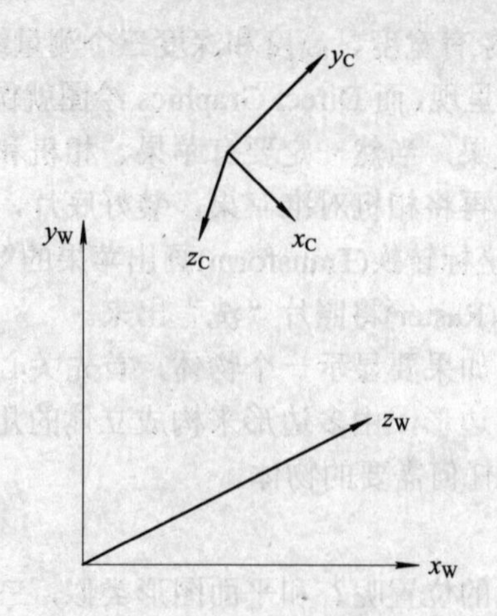

图 4-16　世界坐标系和观察坐标系的关系

如图 4-16 所示，x_W，y_W，z_W 确定的坐标系为世界坐标系，x_C，y_C，z_C 确定的坐标系为观察坐标系。观察坐标系为一个摄像机确定的世界，最终看到的世界就是这个摄像机能够观察到的世界。那么，想要观察世界坐标的某些景物，就必须让摄像机在世界坐标系中移动，确定摄像机的观察位置，同时把握摄像机镜头的方向，这样才能在三维世界中任意观察。

有了观察坐标系，就可以知道三维世界物体相对于观察者的位置了。不过玩游戏时都是在电脑屏幕上看到的三维世界，如何使用摄像机把观察到的世界显示到屏幕上，就需要用到三维透视转换。

3. 三维透视转换

三维透视转换(在 DirectX 中的英文称为 Projection Transformation)就是控制三维世界中的摄像机的过程，控制摄像机镜头光圈、焦距，从而得到想看到的世界。可以指定摄像机的可视范围，来决定最终形成的平面图像，如图 4-17 所示。

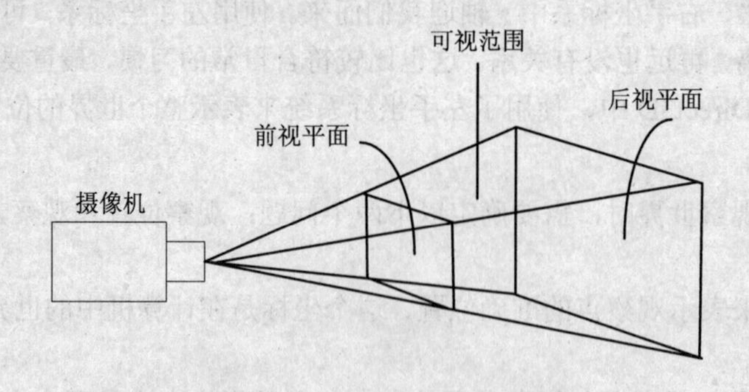

图 4-17　三维透视转换示意图

在图 4-17 中，表示了摄像机如何观察三维世界。可以指定一个后视平面和前视平面，这两个平面都表示成距摄像机的距离，前视平面到摄像机的距离小于后视平面到摄像机的距离。另外，还需要指定摄像机的视角，视角包括水平视角和垂直视角。水平视角是摄像机在水平方向上可以观察到的三维景物的角度；垂直视角是摄像机在垂直方向上可以观察到三维景物的角度。有了前视平面、后视平面、水平视角和垂直视角，就可以在三维世界中形成一个几何空间，摄像机可以观察到的三维景物范围就是这个几何空间。

4. 顶点颜色的计算方法

虽然在场景中可以直接指定几何模型顶点颜色，在这种情况下并不需要任何光源，但是如果加上几盏灯光，再通过表面材质方向，可以得到更真实的 3D 场景。Direct Graphics 通过设定光源与材质，得到最终顶点的扩散色(diffuse)与反射色(specular)。

要用 Direct Graphics 计算光，必须提供顶点法向量(Normal)、环境光或发射光(Light)和模型表面材质(Material)。

Direct Graphics 计算光的方法如下：

(1) 先换算距离的比例值：

d = Range

(2) 计算强弱因子：

F = Attenuation() + Attenuation1*d + Attenuation2*(d^2)

(3) 该点受到的光强度为 F*Light。

(4) 根据顶点法向量计算该点的受光强度，最后再根据表面材质(Material)的特性，计算出顶点的扩散色(diffuse)与反射色(specular)，填入顶点中。

5. 消隐与裁剪

当用计算机绘制 3D 物体时，肯定存在距视点较远和较近的多边形，这样就出现了一些多边形遮挡了另一些的情况。必须绘制出可见的多边形，而被挡住的多边形不应该被绘制出来，这样才能正确地实现 3D 物体显示，要做到这点就要进行“面的消隐”。看不到的面不进行绘制，这样显示的图形才是真实的 3D 物体。

通常把判断一个图形是否处于一个指定范围以内的算法叫做裁剪算法，或者简单地称之为裁剪。用作裁剪的区域一般叫做裁剪窗口。裁剪的应用相当地广泛，在游戏中最常见的使用方法是定义场景的可视区域，减少不必要的图形操作，提高效率。

到目前为止，通过 D3D 的 XCreate 函数可以创建一些简单的几何物体，例如球体、圆柱体、立方体等。如果试图通过手工指定顶点数据来创建 3D 物体，毫无疑问这将是一个相当枯燥的任务。为了减轻构建 3D 物体这种繁重的工作，人们开发了称为 3D 建模工具的专业应用程序。这些建模工具允许用户在一种可视化的交互环境中创建复杂而逼真的网格，并配有大量的工具集，这样就大大简化了 3D 建模的过程。例如，用于游戏制作的比较流行的建模工具有 3ds max、LightWave 以及 Maya 等。这些建模工具能够将网格数据(几何信息、材质、动画以及其他可能的有用数据)导出到文件中。这样就可以编写一个文件读取程序来提取网格数据并在 3D 应用程序中使用。还有一种更简便的方法就是使用特殊的网格文件格式，称为 XFile 格式(扩展名为 .X)。许多 3D 建模工具可以将模型数据导成这种格式，而且也有许多转换程序(Converter)可以将其他较流行的网格文件格式转换为 .X 格式。XFile 之所以使用方便，最主要的原因是它是 DirectX 定义的格式，所以该格式得到了 D3D X 库的有力支持，即 D3D X 库提供了对 .X 格式的文件进行加载和保存的函数。所以在使用这种格式时，无需自己编写这类文件的加载和保存程序。

4.4.3　3D 图形渲染技术

3D 渲染就是把三维坐标系中的场景显示出来的过程。在计算机中，三维世界的表示由坐标系和坐标系中的点构成，还包括物体的材质、纹理、光照等信息。这些信息只是由计算机中的数据表示，并不能直接用来显示在计算机屏幕中。3D 渲染就是完成从计算机中的三维场景表示数据导出视平面上可以显示的图像的转换过程。这一过程有一系列必须顺序完成的操作，通常把整个过程叫做渲染流水线，又叫渲染管道(Rendering Pipeline)，如图 4-18 所示。

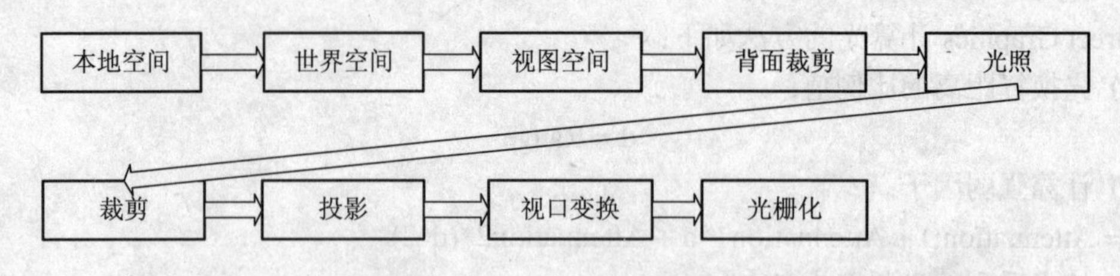

图 4-18　DirectX 3D 的渲染流水线

在这个过程中需要考虑的因素有：指定用来投影的虚拟摄像机、3D 场景与模型本身、光源与光照模型、纹理与贴图等。其中，场景与模型在屏幕上的形状和位置等坐标信息由 3D 场景与模型本身，摄像机的位置、方向、视角等参数决定。而光源、光照模型、模型的材质、纹理与贴图、光照计算和实现的方法决定 3D 场景与模型在屏幕上所呈现的外观效果。

3D 渲染技术在游戏制作中是最为复杂的技术，如果细分，可以分为地形渲染、物理渲染等，其最终目的就是最大程度地模拟真实世界的物理特性。比如在一个飞行模拟器中，理论上可以驾驶飞机朝任何一个无限远飞去，因为事实也是如此，如果愿意，完全可以驾驶飞机绕着地球飞行而不用担心有墙阻挡。换句话说，一个室外场景的理想大小是无限大。除了场景的大小以外，同时视野也是无限的。站在高处，可以俯视任何比所站位置低的地方，也就是说拥有几乎无限的视野。这就是地形渲染技术要达到的目的。

目前在物理渲染技术方面，比较著名的技术有“粒子”渲染技术、“Havok”渲染技术和目前最为先进的“幻 3”渲染技术。粒子渲染技术第一次应用在《使命召唤 2》中。Havok 渲染技术应用在《古墓丽影 7》中。“幻 3”则应用在 PS3 上推出的《地狱之门：伦敦》和 Xbox360 上推出的《战争机器》上。为了让读者有更感性的认识，此处拿“粒子”和“幻 3”两种渲染技术做个比较。

在《使命召唤 2》(见图 4-19)中，枪、炮发射时候的烟雾会随着时间的延迟而逐渐散开，而且烟雾散开的轨迹是不同的，这就比以往一些游戏中烟雾散开的轨迹是固定的就更接近真实了。但是如果仔细看的话，会发现散开的烟雾虽然很真实，但是烟雾与游戏场景中的背景是分割开的，如果拿烟雾和游戏中的背景中的房屋、树木等对比来看，会发现烟雾和房屋、树木二者是不重合的，也就是说，烟雾是烟雾，房屋是房屋，烟雾薄与厚的部分所透出的房屋部分的效果是一样的，这在实际中是绝对不可能的。应该是薄雾中，可以看清楚房屋，而厚雾中是看不清楚房屋的，这就是“粒子”系统还原真实的技术方面的局限性。而“幻 3”技术在《战争机器》(见图 4-20)中是严格按照实际来进行物理渲染的。另外，“幻 3”更为厉害的一方面就是对于细节的渲染，比如，在《使命召唤 2》中，敌人的尸体和流出的血液是会在一定时间内完全消失的。而在《战争机器》中，流出的血液不会消失，而会慢慢地渗入到地面的土层中，过了一段时间，地表面看不到血液了，但是如果用硬物挖掘，会发现已经渗入到土层内干涸的血迹。这完全归功于“幻 3”强大的渲染技术支持。

图 4-19　采用“粒子”渲染技术的《使命召唤 2》

图 4-20　采用“幻 3”渲染技术的《战争机器》

相信，随着高科技不断引进到游戏制作中，会有更优秀的 3D 渲染技术出现。

4.4.4　游戏中人工智能应用技术

1. 什么是游戏人工智能

所谓人工智能 AI(Artificial Intelligence)，就是由人工建立的硬件或软件系统的智能，是无生命系统的智能，其目的就是要模拟人类的智力活动机制来改进计算机的软、硬件结构，使它们掌握一种或多种人的智能，以便在各种领域内有效替代人的脑力劳动，特别是解决用传统硬件方法难以解决的问题，如自然语言的翻译、定理证明、模式识别、复杂机器人的控制等。

游戏的人工智能用来控制游戏中各种活动对象行为的逻辑，使它们表现得合情合理，如同人的行为一样。游戏中活动对象分为两类，一类是在背景中的，如天上飘着的云或飞过的鸟。这类对象的行为连同它们的造型要显得逼真也不容易，需要掌握2D或3D的图形和动画技术，还需要有艺术修养。但它们在游戏中无须人工干预，变化不多，控制的逻辑并不复杂。另一类活动对象是游戏中的各种角色，如虚拟的人、兽、怪物、机器人等。这些对象的活动方式必须变化多端才行，否则游戏就不好玩，所以其控制逻辑就比较复杂。尤其是玩家对手的角色处理最困难。比如，要开发一个猫捉老鼠的游戏，假定玩家的角色是猫，则猫的行为由玩家操纵，而老鼠的行为则完全需要由程序来控制。当猫不出现时，老鼠必须到处觅食或打洞，以解决生存必需的食、住问题，而一旦发觉有猫出现，则必须立即躲进洞里。如果附近没有洞，则要立刻逃窜，而逃窜的方向取决于它和猫的相对位置。如果猫在老鼠的西边，老鼠应向东逃跑；如果猫从老鼠东边追来，则老鼠应向西跑；如果途中遇到障碍物挡住了去路，则应改变方向，如向南或向北跑，至少不应该回头跑，除非前面是死胡同。老鼠能遵循这样的逻辑来行动，就是游戏编程中为老鼠设计的智能，是游戏人工智能。同样，猫也需要智能，但很简单，那就是听话，能听从你用按键或鼠标进行的指挥。

所有角色扮演类游戏都需要有类似的智能。越是好玩的游戏需要的智能越复杂。但并不是所有的游戏都要有人工智能，例如Windows提供的空当接龙和挖地雷游戏就没有人工智能问题；网上供两人对弈的象棋、围棋、军旗类游戏也不需要人工智能。如果要由机器当公证人，那也只要很低的智能。但一旦要求机器能与人对弈，就需要很高的智能了。

2. 人工智能的实现方式

人工智能在计算机上实现有两种不同的方式。一种是采用传统的编程技术，使系统呈现智能的效果，而不考虑所用的方法是否与人或动物机体所用的方法相同。这种方法称为工程学方法(engineering approach)，它已经在一些领域内作出了成果，如文字识别、电脑下棋等。另一种是模拟法(modeling approach)，它不仅要看效果，还要求实现方法也和人类或生物机体所用的方法相同或相似。遗传算法GA(Generic Algorithm)和人工神经网络ANN(Artificial Neural Network)均属这一类型。遗传算法模拟人类或生物的遗传——进化机制，人工神经网络则是模拟人类或动物大脑中神经细胞的活动方式。为了得到相同智能效果，两种方式通常都可使用。采用前一种方法，需要人工详细规定程序逻辑，如果游戏简单，还是方便的。如果游戏复杂，角色数量和活动空间增加，相应的逻辑就会很复杂(按指数式增长)，人工编程就非常繁琐，容易出错。而一旦出错，就必须修改源程序，重新编译、调试，最后为用户提供一个新的版本或提供一个新补丁，非常麻烦。采用后一种方法时，编程者要为每一角色设置一个智能系统(一个模块)来进行控制，这个智能系统(模块)开始什么也不懂，就像初生婴儿那样，但它能够学习，能渐渐地适应环境，应付各种复杂情况。这种系统开始也常犯错误，但它能吸取教训，下一次运行时就可能改正，至少不会永远错下去，不必发布新版本或打补丁。利用这种方法来实现人工智能，要求编程者具有生物学的思考方法，入门难度大一点。但一旦入了门，就可得到广泛应用。由于模拟法编程时无须对角色的活动规律做详细规定，因此应用于复杂问题时通常会比前一种方法更省力。

3. 样板程序《拯救美人鱼》中的人工智能

在 4.3.1 节中介绍的《拯救美人鱼》游戏是一款相当不错的游戏。但是这款游戏对玩家来说有些缺乏挑战性。游戏中的坏角色并没有努力地给玩家制造压力，因为它们只是没有目的地随机移动。现在赋予一些坏角色追逐玩家的海盗船的能力，从而提高《拯救美人鱼》游戏的难度级别。

游戏中的坏角色包括鲨鱼和漂浮的浮冰。由于浮冰是一个没有生命的对象，让它来追逐海盗船没有多大意义。那么只有一种追逐精灵(鲨鱼)略显不足，可以再添加另一种追逐精灵，比如添加一个海底的女巫(见图 4-21)，它移动得比鲨鱼慢，但是它更加有意地追逐玩家的救援船。

图 4-21　海底女巫

和玩家救援船一样，海底女巫的位图包含了 4 个动画帧，分别对应向一个特定方向的移动。在游戏改动中，需要做的有两件事：一是把鲨鱼精灵变为追逐精灵；二是添加一个海底女巫精灵。模仿这些精灵在现实世界中的行为方式，设计代码时让鲨鱼追逐速度比较快但却不具备很高的攻击性，而海底女巫追逐速度比较慢但却比鲨鱼的攻击性强。具体代码设计如下：

改变变量声明，把鲨鱼精灵改变为追逐精灵，同时新添加一个海底女巫精灵。

```
private ChaseSprite[] squidSprite = new ChaseSprite[5];
private ChaseSprite enemyShipSprite;
```

在把鲨鱼精灵改变为使用 ChaseSprite 的时候，必须提供 ChaseSprite()构造函数所需的信息来改变精灵的创建。将下面的代码添加到 HSCanvas 类的 start()方法中：

```
for(int i=0; i<5; i++)   {
mineSprite[i] = new DriftSprite(Image.createImage("/Mine.png"), 27, 23, 1, landLayer);
squidSprite[i] = new ChaseSprite(Image.createImage("/Squid.png"), 24, 35, 3, landLayer,
            false, playerSprite, 3);
placeSprite(squidSprite[i], landLayer);
}
```

新的追逐精灵从 4 个参数开始，第一个就是精灵的速度。鲨鱼的速度是 3，考虑到游戏的特性，这个速度实际上相当快了。接下来指定精灵的障碍物，本例中是 landLayer，这对游戏中的其他精灵都是一样的。下一个参数表示精灵是否具有方向性，对于鲨鱼精灵来说，这个参数定义为否(false)。

ChaseSprite()构造函数的下一个参数是被追逐的精灵，显然是 playerSprite。最后一个参数是鲨鱼精灵的攻击性，这里设置为 3。可以通过测试，自由改变这个值，以使游戏变得更容易或更难。

海底女巫通过和鲨鱼精灵相似的方式创建：

```
enemySprite = new ChaseSprite(Image.createImage("/EnemyShip.png"),
 86, 70, 1, landLayer, true, playerSprite, 10);
```

还是从指定追逐精灵的参数开始，速度设置为 1。landLayer 平铺图层充当精灵的障碍物，而 true 则表示精灵是方向性的，并且 playerSprite 被指定为被追逐的精灵。最有趣的参数是最后一个参数，它被指定攻击性级别为 10，也就是最大值。这个最大的攻击性弥补了海底女巫极慢的速度。

创建了海底女巫之后，在游戏屏幕上指定其位置就很重要了。由于这条船很大，它最好的位置应该是在地图中间，因为那里有比较宽广的水域。下面的代码把敌对海盗船放置到地图的中间：

```
enemyShipSprite.setPosition(
    (landLayer.getWidth() – enemyShipSprite.getWidth())/2,
    (landLayer.getHeight() – enemyShipSprite.getHeight()/2);
```

将鲨鱼精灵、海底女巫精灵和其他精灵一起添加到图层管理器中。下面这段代码是游戏初始化的一部分，因此，它也出现在 start()方法中：

```
layers = new LayerManager();
layers.append(playerSprite);
layers.append(enemyShipSprite);
for(int i=0; i<2; i++) {
layers.append(pirateSprite[i]);
layers.append(barrelSprite[i]);
}
for(int i=0; i<5; i++) {
layers.append(mineSprite[i]);
layers.append(squidSprite[i]);
}
layers.append(landLayer);
layers.append(waterLayer);
```

现在海底女巫已经成功地整合到游戏中，还必须在 HSCanvas 类的 update()方法中调用它的 update()方法：

```
enemyShipSprite.update();
```

海底女巫现在和游戏中的精灵一起进行了更新，但是还没有对玩家救援船和海底女巫之间的冲突做出响应。在对冲突做出响应的时候，海底女巫肯定会对玩家救援船有相当厉害的毁损。下面的代码位于 HSCanvas 类的 update()方法中，负责实现这一点：

```
if(playerSprite.collidesWith(enemyShipSprite, true))   {
//播放一个声波声音，表示撞击到敌对海盗船
try {
minePlayer.start();
```

```
    }
    Catch(MediaException    me) {
    }
    //减少玩家海盗船的能量
    energy -= 10;
    }
```

响应和海底女巫发生冲突的声音与玩家碰到浮冰时播放的声音是相同的。另外，当玩家救援船碰到海底女巫的时候，它会损失 10 个点的能量。

4.4.5　动画控制

随着三维计算机游戏的兴起，三维动画逐渐成为了游戏内容和过程表现的主流形式之一。计算机动画本质上是一系列连续的图像，按一定的速率显示后，给人以运动的感觉。动画师通过各种故事情节，配以视觉特效，就可以通过一个无生命的图像序列表达出各种栩栩如生的运动形式，并赋以动画人物和场景丰富的情感变化和生命活力。

1. 传统的动画制作

在传统的动画制作中，动画师根据故事情节和想要表达的含义绘出每一帧的图像。为提高动作效率，其背景图像一般是静止不变的，前景人物主要通过关键帧方法绘制，即：高级的动画师根据故事的情节，描绘出情感、动作和颜色等发生急剧变化或者不连续的极端帧(extreme frames)；一般的动画师根据背景知识和个人的理解进一步地画出一系列的关键帧(key-frames)，一般要求关键帧中的元素是连续变化的；初级的绘画人员参考关键帧中的绘制信息，详细地画出每一帧(in-betweens)。这样的动画制作过程不仅相当繁琐和费时，而且也要求动画师具有丰富的实际生活体验和高超的绘画技巧。

2. 计算机动画技术

在使用计算机技术帮助提高动画制作效率的初期，很多计算机辅助动画制作工具的主要功能是让计算机自动产生一个动画序列中的一些中间帧。这些动画工具既包括模仿手工动画中的多个分层绘画的场景的计算机辅助合成，也包括使用计算机绘制一些几何表达的物体，自动产生图像序列。这些技术的介入，改变了动画制作的流程和动画师的角色，使得动画师的任务从逐帧绘制动画序列，变为高效地利用计算机工具指定这些图像如何随时间变化。

三维计算机动画技术主要包括三维虚拟场景、物体和动画人物的建模、相互之间的运动关系的指定以及绘制等。建模的任务是描述场景中的每一个元素，并将它们设置在恰当的时刻和位置。运动关系的指定则表明三维动画人物或者物体如何在三维场景中进行运动。绘制则把三维场景和运动关系的描述转化为一个图像序列。

根据建模方式的差异性，三维计算机动画技术可分为以下三类。

1) 基于关节链接的人物动画

基于关节链接的人物动画的模型表达为一组物体的集合，各个物体之间通过树状的、层次式关节点结构进行连接。每一个物体的位置一般由其在层次式关节点结构树的父节点的位置来确定。这种动画类型最为常见，一般的人物动画和四足动物的动画均属于这一类型。

2) 基于粒子系统的动画

基于粒子系统的动画的模型表达为一系列点的集合，每个点的运动由一组规则来确定。这些运动规则一般基于物体定律和自然界的客观运动规律，例如，受到重力的影响，粒子会下落，也会和其他物体发生碰撞等。这类动画的典型例子有飞溅的水花、漂浮的烟雾、甚至鸟群的运动等。

3) 基于物体变形的动画

基于物体变形的动画通常也称为基于形状变化的动画。主要用来处理那些在形状上没有明确定义的关节点结构，但结构又有一定的复杂度，不能简化为粒子系统来处理的物体。这类动画的适用范围比较广，其变形物体的表达方式包括弹性质点网格、体素模型和表面模型等，其适用的动画对象包括水、头发、衣服和鱼等。

在一些复杂的动画环境中，可能需要这几种动画技术的综合应用。在视频游戏和交互式娱乐应用中，这三类动画技术都会有所涉及，但以人物动画为主。在游戏程序设计中，由骨架驱动的动画能够快速生成高质量的运动效果，因而是程序设计人员的首选。

计算机游戏中的人物动画效果主要由动画师来设计，而不是由动画师来制作，这样才能留出足够的空间让编程人员来实现视频游戏过程的动态交互性。一旦动画全部制作好，编程人员做的只是动画的加载、播放和暂停等，其交互的内容将十分有限。在游戏开发中，动画人物的建模主要由美工人员使用 3ds max 或 Maya 等三维建模工具预先完成，绘制过程主要通过三维游戏引擎的实时绘制功能来实现。因此，游戏动画中的动态交互性集中体现在动画人物的运动指定，这也是三维人物动画中的核心和技术难点之一。

4.4.6　游戏音效编程技术

没有音效的游戏中，一切都是静悄悄的，在这样的世界里，游戏缺少了一种感染和打动玩家的方式，游戏设计者也缺少了一种表达自己想法的方式。在游戏中，除了视觉信息以外，最重要的信息就是听觉信息，它通常能指导视觉感知，甚至比视觉感知更为集中、有效。游戏中的脚步声、水声、枪声、撞击声等空间的暗示，能使得玩家有效地判断自己的方位，包括距离和方向感等，极大地提高游戏的逼真度。音效也能传递不同的心情和意境，给玩家以情景提示。例如，沉重的、压迫感的和狭窄的声音能造成强烈的空间感；回音能造成开阔、冷静的空间感，从而有效增加游戏的可感知度。另外，游戏中的音乐可以在听觉的感官上将玩家带入游戏世界并引导游戏的情境。如果没有音乐，再精彩的画面也会显得单调。回想一下著名的 RPG 游戏《仙剑奇侠传》，如果没有美妙的背景音乐，整个游戏将逊色不少。在适当的场景中搭配适当的音乐，更能让玩家融入剧情当中，该哭的时候哭，该笑的时候笑，就很能切中游戏的要领。

DirectX 中提供了一套 DirectX Audio 组件，专门用来处理计算机中的音频。通过使用这个组件可以非常容易地播放声音文件，实现各种声音效果以及录制声音等功能。更重要的是，通过 DirectX Audio 组件提供的功能，可以使用声卡的硬件加速特性，实现三维空间的声音定位操作等先进特性。

DirectX Audio 提供的具体功能如下：

(1) 可以从资源中或者文件中载入 MIDI、WAVE 格式、DirectMusic 产生器生成的音频数据流等进行播放。

(2) 可以从多个音频源播放声音。

(3) 实现三维空间的声音定位。

(4) 可以实现播放声音时加入各种效果。

(5) 可以录制 MIDI 格式的音频数据。

(6) 可以录制 WAVE 格式的音频数据。

在制作精良的三维游戏中，常常可以听到各种声音效果。在空旷的平原上，听到的声音具有深邃的距离感；在幽静的峡谷中，可以听到自己脚步的回音；在迷宫式的房间中，可以听到隔着墙壁发出的怪物尖叫声；甚至在水下开枪时，听到的枪声也和地面完全不一样。所有这些都是使用各种声音效果表现出来的。不要以为真的需要准备这么多的声音资源，同一种声音需要准备地面的、水中的、房屋中的、峡谷中的，绝不需要这样做。游戏程序员可以随意地创造游戏世界，其中当然包括声音。下面来看一下几种声音特效的实现：

1. 重音效果

使用重音效果，可以模拟出多个声音源同时发出声音的效果，比如游戏中的一队小兵同时开火的声音。那么，如何来实现重音效果呢？可以把一个声音进行简单的演示，然后再和原来的声音合成到一起，就得到了重音效果。图 4-22 演示了重音效果的实现。

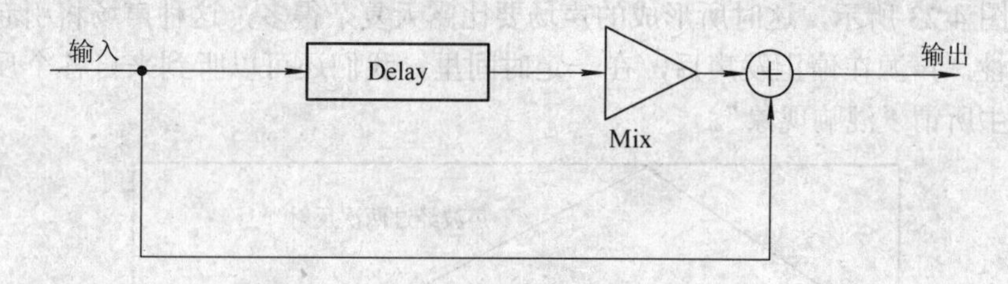

图 4-22　重音实现原理

图 4-22 中左边声音输入时分成了两路：一路没有变化，另一路声音进行了延时处理，延时时间一般是 20～30 ms。然后再把两路声音进行混合，最后作为输出声音。经过这样处理的声音就好像是由两个声音源发出来的一样。在处理声音延时时，使用了一个技巧。就是声音的延时并不是固定的，而是随着时间变化的，这样就能使合成的声音听起来更像多个声音源混合发出的。

2. 回音效果

当身处寂静的峡谷中时，如果大叫一声，可以听到回音。这种情形大多数人都有感受。回音效果产生的原因也很简单，声音被远处的障碍物反射回来，经过一段延时以后又听到了原来的声音。这和前面说的重音效果比较类似，但根本性的不同之处在于：重音效果的延时一般为 20～30 ms，而要产生回音效果，声音的延时一般在 200 ms 以上，甚至在 1 s 以上。

3. 变形效果

变形效果可以实现声音的变形，比如过滤掉一部分频率或增大一定范围内频率的声波强度等。这个效果本身很简单，但是如果使用得当的话，可以实现很多逼真的声音效果。举例来说，当我们隔着一堵墙听到声音时，声音中大多的高频声波都被墙壁吸收了，我们只能听到声音中的低频的部分。所以，隔着墙听到的声音比较低沉。还有在建筑物内部，当一种声音的频率接近建筑物的共振频率时，这个频率段的声音会得到增强。在三维游戏中，如果要实现各种逼真的声音效果，就必须把声音源周围的环境因素考虑进来，进行相应的处理。通过使用声音的变形效果，可以实现声音中的高频部分过滤以及放大某个频率范围声波的功能。

4. 声波压缩

声波压缩是对于指定振幅的声波减小其振动幅度，从而达到压缩声音强度的目的。声波的振幅越大，发出的声音强度就越大，反之声音强度就会变小。另外，声波压缩还可以起到抑制声音突然变化的目的，可以让非常突兀的声音变得前后连续。

5. 环境反射

在真实世界中，同样的声音在室外和在室内发出，听到的效果是不完全一样的。即使都是室内发出的声音，室内空间的大小、结构等因素也会影响声音的效果。从室外某一声源发出的声波，以球面波的形式连续向外传播，随着接收点与声源距离的增加，声能迅速衰减。在这种情况下，声源发出的声能无阻挡地向远处传播，接收点的声音强度与声源距离成反比例。但是在建筑物中，很多情况要涉及到声波在一个封闭空间的传播，如剧院的观众厅、播音室等，声波在传播时将受到封闭空间各个界面(墙壁、天花板、地面等)的反射与吸收，如图 4-23 所示，这时所形成的声场要比露天复杂得多，这种声场将引起一系列特有的声学特性。声源在停止发声后，在一定时间里，我们还可以听到来自各个反射面的反射声音，产生所谓“混响现象”。

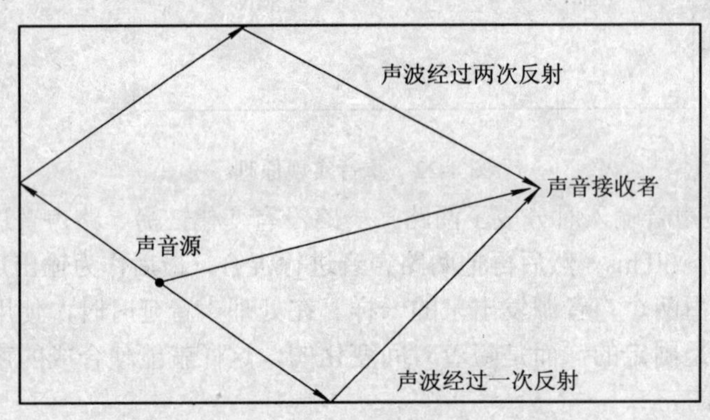

图 4-23　环境反射原理

从图 4-23 中可以看出，从声音源发出的声音，一部分直接到达了声音接收者，称做直达声音；一部分声音经过墙壁的一次反射以后才到达声音接收者，称为一次反射声音；还有一部分声音经过墙壁的两次反射才到达声音接收者，称为多次反射声音。在 DirectX Audio 中，把第一次、第二次反射都称为声音的早期反射，两次以上的反射称为晚期反射。空间的大小以及周围物体的材料、密度的不同，都会使早期反射和晚期反射的延迟发生变化。声音随着反射次数的增多以及时间的延长进行强度递减。

在游戏场景中，经常是多种声音同时发出的。所以在一个游戏程序中，需要同时实现多个声音源。游戏的背景音乐将一直伴随游戏主角的周围，而游戏对象包括敌人、飞机、水声等在游戏中具有位置属性的发声物体，可以移动，也可以是固定的，另外在游戏主角移动时，必须改变声音接收者的位置，从而让各个声音源进行更新。

4.5　游戏引擎应用与开发技术

4.5.1　游戏引擎的基本含义与功能

1. 游戏引擎的定义

游戏引擎是游戏或者其他交互式实时图像应用程序的核心软件组件，它提供游戏运行的底层技术，简化了游戏开发过程，支持多种硬件平台和操作系统，包括游戏主机和运行 Linux、Mac OS X 或 Windows 的桌面系统。它通常包含以下功能模块：二维或三维渲染引擎(即渲染器)、物理引擎、碰撞检测(碰撞响应)、声音、脚本、动画、人工智能、网络、流(steaming)、内存管理、线程以及场景组织。

可以把游戏的引擎比作汽车的引擎。大家知道，引擎是汽车的心脏，决定着汽车的性能和稳定性，汽车的速度、操纵感这些直接与车手相关的指标都是建立在引擎的基础上的。游戏也是如此，玩家所体验到的剧情、关卡、美工、音乐、操作等内容都是由游戏的引擎直接控制的，它把游戏中的所有元素捆绑在一起，在后台指挥它们同时、有序、高效地工作。

游戏引擎代表了游戏程序实现的通用技术，也就是从多款游戏中剥离场景、角色、动画、音乐、剧情、人工智能、游戏规则等具体内容之后剩下的部分。因此游戏引擎可以重复使用，从而制作出不同的游戏。简单说，游戏引擎就是一种工具软件，性质和 Word 一样，只不过我们用 Word 来写文章，用游戏引擎来开发游戏。

2. 游戏引擎的功能

1) 光影效果

光影效果即场景中的光源对处于其中的人和物的影响方式。游戏的光影效果完全是由引擎控制的，折射、反射等基本的光学原理以及动态光源、彩色光源等高级效果都是通过引擎的不同编程技术实现的。

2) 动画

目前游戏所采用的动画系统可以分为两种：一种是骨骼动画系统，另一种是模型动画系统。前者用内置的骨骼带动物体产生运动，比较常见，后者则是在模型的基础上直接进行变形。引擎把这两种动画系统预先植入游戏，方便动画师为角色设计丰富的动作造型。

3) 物理系统

引擎的另一项重要功能是提供物理系统，这可以使物体的运动遵循固定的规律，例如，当角色跳起的时候，系统内定的重力值将决定他能跳多高以及他下落的速度有多快，子弹的飞行轨迹、车辆的颠簸方式等也都是由物理系统决定的。

4) 碰撞检测

碰撞检测是物理系统的核心部分，它可以探测游戏中各物体的物理边缘。当两个 3D 物体撞在一起的时候，这种技术可以防止它们相互穿过，这就确保了当角色撞在墙上的时候，不会穿墙而过，也不会把墙撞倒，因为碰撞检测会根据角色和墙之间的特性确定两者的位置和相互的作用关系。

5) 渲染

渲染是引擎最重要的功能之一，当3D模型制作完毕之后，美工会按照不同的面把材质贴图赋予模型，这相当于为骨骼蒙上皮肤，最后再通过渲染引擎把模型、动画、光影、特效等所有效果实时计算出来并展示在屏幕上。渲染引擎在引擎的所有部件当中是最复杂的，它的强大与否直接决定着最终的输出质量。

6) 其他

引擎还有一个重要的功能就是负责玩家与电脑之间的沟通，处理来自键盘、鼠标、摇杆和其它外设的信号。如果游戏支持联网特性，网络代码也会被集成在引擎中，用于管理客户端与服务器之间的通信。

3. 游戏引擎发展史

最早的游戏引擎出现在上个世纪90年代初，是游戏开发技术发展到一定阶段的产物。谈到游戏引擎的诞生，就不能不提到 FPS(第一人称射击)游戏的开山鼻祖之一“DOOM”。这个由 id Software 公司开发的游戏促成了电子游戏画面从二维平面到三维空间的历史性转变，它也开创了一种全新的游戏开发模式——游戏引擎。id Software 将自己的 DOOM 引擎商业化，即向其它公司出售该引擎的使用权，用于开发新的游戏。

DOOM 引擎的授权费为 id Software 公司带来了可观的收入，而在此之前，游戏引擎只作为一种内部使用的开发工具，还没有哪家开发商想到引擎居然能够赚钱。DOOM 引擎的成功无疑为开发商开拓了一片新市场。从那时起，各式各样的游戏引擎就如雨后春笋般涌现出来，下面列出几个著名引擎。

1) id Software 公司的 Quake 系列

Quake 引擎不仅是第一款完全支持多边形模型、动画和粒子特效的真正意义上的3D引擎，而且是网络游戏的创造者，催生了电子竞技产业。Quake 2 引擎则确立了 id Software 在三维引擎市场上的霸主地位，它充分地利用 OpenGL 和三维加速技术，在图像和网络方面取得质的飞跃。在它的基础上诞生了《异教徒2》、《军事冒险家》、《原罪》、《首脑：犯罪生涯》以及《安纳克朗诺克斯》等诸多游戏。Quake 3 在 Quake 2 图像引擎的基础上强化了联网对战功能，成为了一款经典的多人游戏引擎，其源代码目前已经公开。Quake 引擎的应用实例如图 4-24 所示。

图 4-24　Quake 引擎的应用实例

2) Epic Games 公司的 Unreal 系列

Unreal 系列引擎是目前应用最广泛的引擎之一，使用该引擎的较著名的作品有《虚幻竞技场》、《北欧神符》、《杀出重围》等。该系列的最新版本 Unreal 3 被公认为当今最强的游戏引擎之一，它渲染的画面能够达到电影级画质。Unreal 引擎的应用实例如图 4-25 所示。

图 4-25　Unreal 引擎的应用实例

3) Crytek 公司的 CryEngine 2

使用 CryEngine 2 的著名的作品有《孤岛危机》。CryEngine 2 被公认为当今最强的游戏引擎之一，它渲染的画面能够达到电影级画质。CryEngine 2 引擎的应用实例如图 4-26 所示。

图 4-26　CryEngine 2 引擎的应用

4.5.2　样板游戏引擎分析与演示

下面以 Torque 引擎为例，对其进行具体分析。

1. Torque 引擎

Torque 引擎的开发公司为美国的 GarageGames，该公司成立于 2000 年，目前主要进行 Torque 系列游戏引擎平台的研发，其主要产品包括 TGB、TGE、TGEA，以及基于 XNA 的游戏引擎 Torque X game engine。

2. Torque 引擎系列产品

1) Torque Game Engine

Torque Game Engine 是 GarageGames 的主导产品，简称 TGE。它是一个专业的 3D 引擎，最初由 Dynamix 于 2001 年为第一人称射击游戏——Tribes 2 而研发，而后由 GarageGames 向独立开发者和专业游戏开发商授权，由该引擎开发的商业游戏包括：《Marble Blast Gold》、《Minions of Mirth》、《TubeTwist》、《Ultimate Duck Hunting》和《Wildlife Tycoon：Venture Africa》等，这些游戏涵盖了目前市场各种主流游戏类型。

2) Torque Game Builder

Torque Game Builder 简称 TGB、T2D 或 Torque 2D，它是基于 TGE 的专为 2D 游戏开发设计的一套游戏开发工具。Torque Game Builder 的功能集包括动画精灵、灵活的方格、粒子系统、扫描式碰撞系统、刚体物理系统和硬件加速的 2D 渲染系统等，这些都是 2D 游戏开发很好的入手点，其代码可嵌入到 Torque 的其它产品上，比如 TGE 和 TGEA。

3) Torque Game Engine Advanced

Torque Game Engine Advanced 简称 TGEA，是 Torque 家族产品的一个补充。TGEA 建立在 TGE 技术之上，主要对 TGE 的室内外渲染引擎进行了改进，同时改进了地形渲染系统并提供了一些新的功能，为了更好的利用图形卡的功能以及 DirectX 等技术，TGEA 对 TGE 的渲染引擎进行了全面重写。由于建立在通用材质系统和 API 无关的图形层之上，跨平台的 TGEA 还可以作为 XBOX 360 的开发平台。

4) Torque X

Torque X 是 GarageGames 与微软进行合作最新推出的一款全新的引擎，该引擎专为 XNA 环境而打造。

5) Torque X Builder

Torque X Builder 简称为 TXB，是 T2D 的 XNA 版本。

3. Torque 引擎的基本特色

Torque 提供完整的技术平台支持，能满足专业游戏开发人士的需求，通过修改部分引擎代码能使引擎与游戏更贴切，更独具风格。从技术角度来讲，Torque 引擎的特点体现在以下几方面：

(1) Torque 核心(3D 图形引擎)：Torque 库拥有一个标准组件的、可扩展的 3D 渲染系统。渲染引擎支持环境贴图、高纳德着色、体积雾，支持顶点光照和多“pass”光照以及其他特效。

(2) 世界编辑器：集成了所见即所得的世界地图编辑功能；支持对象的构建、放置、大小调整以及旋转功能；能够编辑对象的控制属性；内建地形编辑器。

(3) GUI 编辑器：集成的、拖动方式、所见即所得的 GUI 编辑器；可自定义控件；丰富的字体支持，包括“Unicode”支持。

(4) TGE 网络：提供了健壮的网络端代码、脚本；支持局域网和因特网的网络游戏开发，具有传统的 C/S 架构；自动封包的数据流管理；使用 UDP 和 TCP 数据传输协议。

(5) 地形引擎：支持地形、建筑物的光照贴图生成；支持基于高度分层的雾带渲染；支持地形纹理混合。

(6) 3D 音效支持。

4. TGE 开发的游戏

以下介绍一些比较流行的用 Torque Game Engine 开发的游戏。

1) Marble Blast Gold

《Marble Blast Gold》是一款 3D 滚球游戏，整个游戏空间庞大，游戏的画面也很出众，如图 4-27 所示。滚球类型的游戏对画面的效果表现要求比较高，这款游戏的画面表现还是不错的。玩家可以在游戏的空间中自由移动，在超过 100 个关卡中挑战，螺旋机和超级跳的特殊能力使游戏充满了乐趣。本游戏适合于各个年龄段的玩家。

2) ThinkTanks

《ThinkTanks》是一款坦克战斗游戏，可爱卡通坦克拥有着士兵的智慧，逼真的“Atari Combat 3D”场景，烟雾缭绕的战争场面，操作简单，老少皆宜，如图 4-28 所示。

图 4-27　Marble Blast Gold

图 4-28　ThinkTanks

3) TubeTwist

《TubeTwist》是丹佛的“21-6”开发团队的作品，游戏荣获 2005 年 IGC 最佳游戏画面，最佳单人游戏，最多创新游戏多项奖项，是一款类似“不可思议机器”的 3D 管道组装游戏，如图 4-29 所示。游戏画面的 3D 空间相当完美，管道线路色彩和质感都十分真实，而动画和光影效果也相当不错。游戏的关卡设计巧妙，每一关都需要玩家开动脑筋来进行挑战，同时玩家可以在游戏允许的范围内任意的制作想象中的管道，自由度很高。

4) Tribal Trouble

《Tribal Trouble》是一款很有意思的即时战略游戏，一个类似上帝也疯狂的三维 Q 版卡通即时战略游戏，讲述古代原始部族之间的瓜葛纠纷以及互相争斗的故事，如图 4-30 所示。游戏从一个古老的故事开始，有一串线索，显示一群北欧海盗袭击者在庆祝他们最新的掠夺成就时，喝得酩酊大醉，使得他们在公海上迷路，并且在热带一群岛上搁浅。他们只好选择在这里停留，而因此给本地人带来许多的烦恼……在快速实时的策略游戏中，玩家需要帮助部落的人解决他们的争端。

图 4-29　TubeTwist

图 4-30　Tribal Trouble

5. Torque 的游戏编程

对于 Torque 的游戏编程，在刚入手时，通常是以 Torque 中 SDK 的 tutorial.base 为基础进行创建的。这对于理解 Torque 框架，迅速上手可以起到事半功倍的效果。

在下面的 Demo 制作中将会使用 Torque 自带的这套框架。

1) 基本知识

• 数据类型

Torque 的数据类型基本上与 C 语言相同，包括数值型、字符串、布尔型、数组、向量。局部变量由%加字符串组成，例如%player；全局变量由@加字符串组成，例如@abc。

• 脚本语言

Torque 的脚本语言——Torque Script 是一种类 C 的语言，它和其它的脚本语言一样，非常容易理解及上手。它的文件格式是*.cs(如 game.cs)。Torque 引擎会自动将脚本文件编译成二进制文件*.cs.dso。在脚本编写完后，在运行游戏前输入：

Exec("./server/game.cs");　　//解析 game.cs(括号中是文件路径)

• 文件结构

Torque 基于 C/S 架构，Torque 的脚本程序分别存放在 client 和 server 两个文件夹中，分别对应游戏的客户端和服务器端。server 文件夹存放大部分代码。即使在单机游戏的制作中，也通常保留这种结构，当然并不是说这种模式是最好的，但是对于初学者来说，继续沿用这种模式有助于更好熟悉 Torque。

Torque\SDK\example 目录中存在一个文件 main.cs，它是脚本语言的根文件，它的功能是解析通用模块并找到下一级，也就是游戏相关的 main.cs。

common、creator 和 tutorial.base 三个文件夹是用来做游戏 Demo 的基础。其中 commom 下存放的是 Torque 的一些通用模块，无论是编写程序还是查看 Torque 附带的 Demo 都需要这个文件夹；creator 下存放的是 Torque 编辑工具，没有这个模块将导致许多编辑功能无法使用；而 tutorial.base 则是用来放置代码的文件夹。

starter.fps、starter.racing 和 demo 三个文件夹下存放的是 Torque 附带的 Demo，而 show 文件夹下存放的是 Torque 附带的模型查看器。

在\Torque\SDK\example\tutorial.base 这个文件夹下还有另外三个文件夹，分别是 server、data 和 client，这就有很明显的 C/S 结构的特征了。其中 server 是存放大部分代码(如逻辑相关)的地方，而 data 下则存放着将用到的所有模型、图片以及其它相关资源，client 下存放着与 GUI 相关以及与服务器端通信的代码。另外，在这三个文件夹的同级目录下，还会发现另一个文件 main.cs，这个 main.cs 文件的任务就是初始化服务器与客户端以及相关的控制代码。

2) 创建游戏

● 初始界面

运行 Torque/SDK/example 目录下名为 tutorial_bas 的可执行文件，出现如图 4-31 所示的开始页面。

图 4-31　Torque SDK 初始界面

图 4-31 所示界面上方的一排图标分别是链接到 TGE 工具和文档的快捷方式，其中：GUI EDITOR 是制作图形用户界面的工具；WORLD EDITOR 是创造游戏世界并添加物体的工具；CONSOLE 提供通过文字界面访问、控制游戏引擎的脚本控制台；FORUMS、NEWS、DOCS 和 TDN 图标是关于 Torque 信息网页的链接；TUTORIAL 是教程的链接；OPTIONS 则可以设置普通的图形和声音选项，比如屏幕分辨率或音量等；EXIT 图标用于退出引擎。

● 游戏文件

创建一个新的工程文件夹并通过这个文件夹浏览引擎文件的结构。在标准的 TGE 安装中，游戏文件被安装在 Torque/SDK/example 目录中，其中还包含了一些游戏 Demo 的文件夹。我们将用到 tutorial_base 文件夹中的所有文件，如图 4-32 所示。

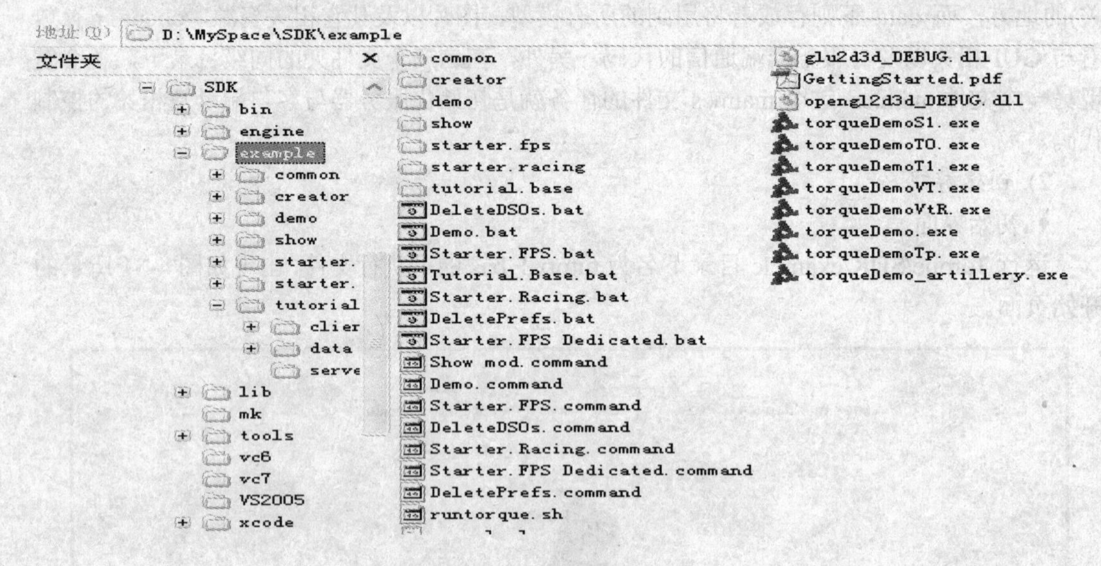

图 4-32　目录结构示意图

游戏数据的根目录就是 Torque 可执行文件所在之处，在 example 目录，可执行文件名为 tutorial_base.exe。在同一目录下，有个名为 main.cs 的脚本文件，可以使用任何文本编辑器打开这个文件，其中可以看到一行脚本代码“$defaultGame = "tutorial_base";”。它告诉 Torque 引擎在哪里可以找到游戏的其它文件。注意：defaultGame 是大小写敏感的。

打开 tutorial_base 目录，可以看到里面有更多的脚本文件和一些新的目录，包含了更多的游戏启动信息。其中，client 和 server 目录包括游戏脚本的大部分内容，data 目录包括了所有的资源文件，比如模型、纹理、声音和少许脚本，以及直接处理资源的脚本。

• 世界编辑器的使用

回到 Torque/SDK/example 目录并运行 tutorial_base，点击 WORLD EDITOR 按钮，这样就进入了世界编辑器的默认任务，可以看到似乎处在一个大型的棋盘上。在世界编辑器的屏幕右侧，可以看到 World Editor Inspector 窗口，先选择 Window→World Editor 暂时关掉它们(快捷键为 F2)。

◆ 摄像机移动

在默认情况下，视野是一个自由移动的摄像头，要转换成游戏者的第一视角可以通过 Camera→Toggle Camera (快捷键为 Alt+C)来实现。按住鼠标右键拖动时，可以环视四周，而使用 W\A\S\D 键则可以在地面前后左右地移动。按住鼠标右键并按 Tab 键可进入第三者视觉模式，此时可以看到一个蓝色小人的背影。

选择“Drop Camera at Player”选项(快捷键为 Alt＋Q)回到宽阔的交互摄像头模式，将摄像头与游戏者视觉模式脱离，这时的镜头摆脱了地心引力可以随意移动。选择 Camera→Toggle Camera 又可以回到默认的游戏者视觉模式。

◆ 地形创建

选择 File→New Mission，可以创建一个场景，如图 4-33 所示。

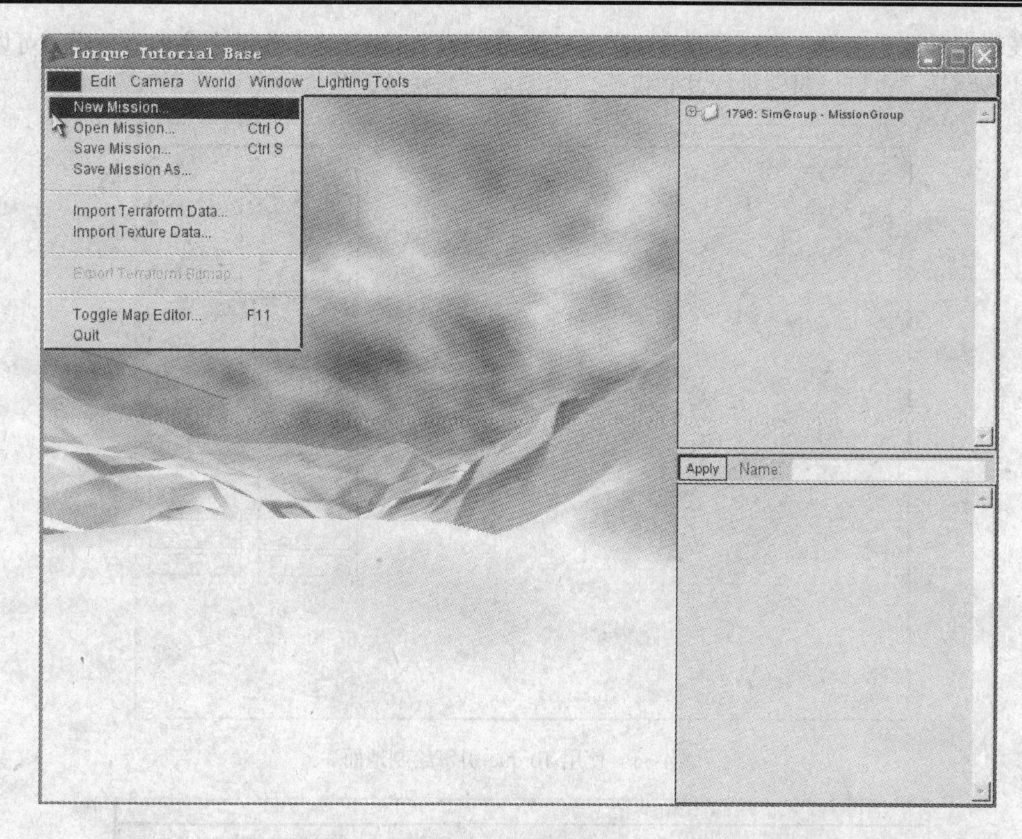

图 4-33　游戏场景

首先绘制地面。选择 Window→Terrain Texture Painter 选项，点击屏幕右侧纹理窗口中的棋盘窗口下的"Change"按钮，选择 GameOne/data/terrains 目录下的 sand.jpg 纹理并点击"Load"按钮。

再来绘制一些草地。点击 sand 纹理下空纹理窗下面的"Add…"按钮。选择"patchy.jpg"并点击"Load"按钮。默认的 Brush(笔刷)尺寸有点大，可选择 Brush→Size 来改变笔刷大小。可以看到这一操作影响了跟随鼠标的红绿正方形的数量。红色表示这个区域受这个动作的影响较大，绿色表示这个区域受这个动作的影响较小。可以使用不同的材质美化地表(地形文件可以在 data 文件夹下的 missions 文件夹中找到，它的文件格式是*.mis)。Torque 允许使用细节纹理。使用细节纹理可以处理近距离的地表，使其看起来更真实，避免近处纹理被拉伸而显得滑稽。地面绘制的效果如图 4-34(见彩页)所示。

◆ 添加物体

下面添加一些物品到这个游戏世界中。在游戏世界中添加和移动物品的时候，最好切换到摄像机视觉模式(快捷键为 Alt+C)。选择 Window→World Editor Creator 选项并查看右边的窗口，如图 4-35 所示。上半部分窗口以树状结构显示场景中已有的物体，下半部的"Creator Window"显示出可以放置到场景里的可视物体。

调整好视角，让屏幕中央对准要放置物品的地方，选好要放的物品，在右下方窗口，用鼠标点 Shapes 左边的"+"号展开树状结构，再展开 Items，点击 TorqueLogoItem，屏幕中央就出现了一个 Torque 的三维 Logo 物体，Logo 出现后，有一个黄色的盒子包围着它，这表示它是被选定的。在它下面的数字是它的 ID 号，(null)是这个物品名字的占位符。可以拖动该物品，也可以对它进行其它操作，如缩放、旋转等。

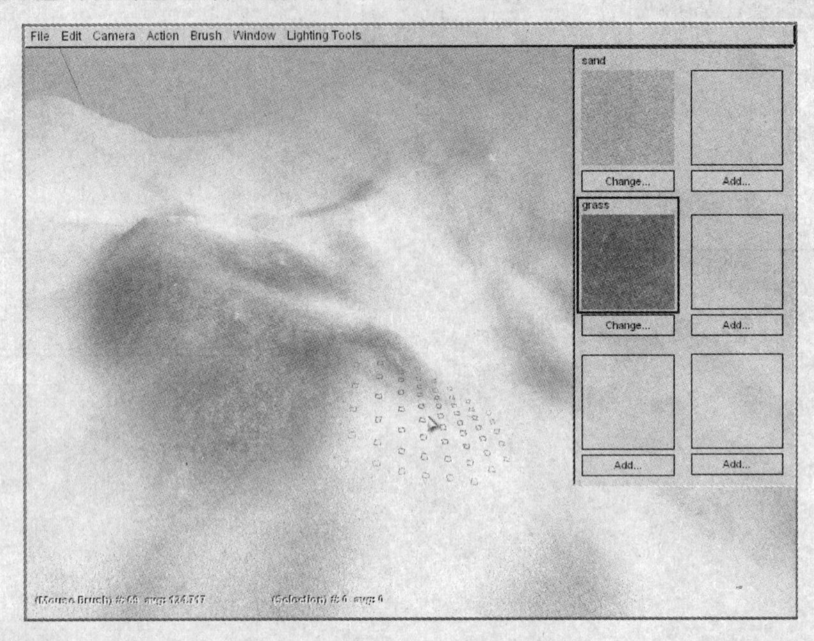

图 4-34　使用 Torque 引擎绘制地面

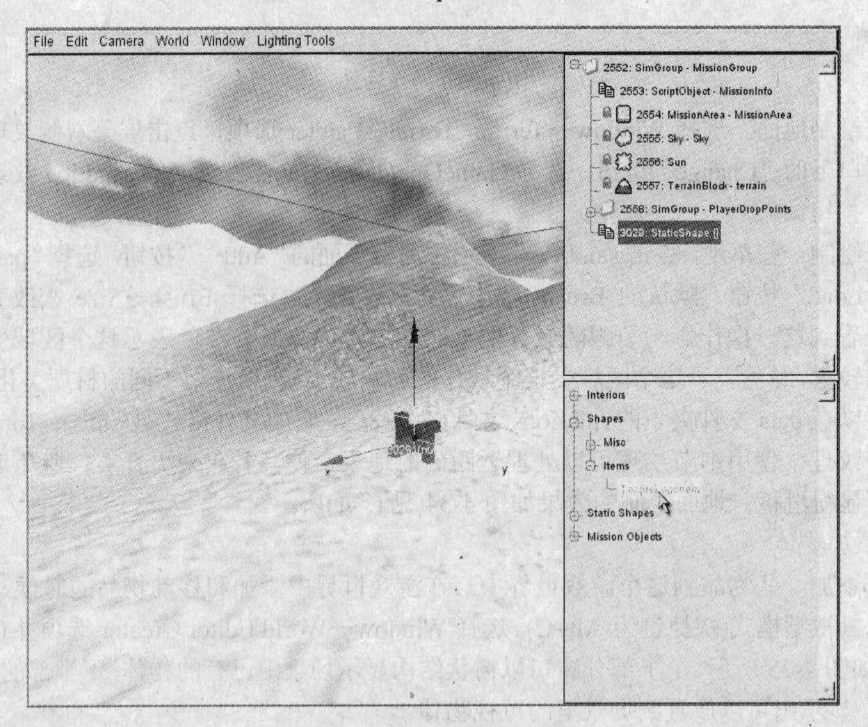

图 4-35　World Editor 窗口界面

选择 Window→World Editor Inspector，在其中提供了调整场景中物品的新方法。首先在上方的 Tree Window 中选择需要调整的物体，点击左边的“+”号就可以看到组成这个场景的全部物品，比如太阳、天空等。位于这些物品底部的“StaticShape”就是我们刚创建的 Logo 物体。选中它，右下方的窗口就会显示这个 Logo 物品的所有属性，在其中可以进行更为细致的调整了。

刚才放置的像 logo 这样的小物品在 Torque 中被叫做“shapes”，它是基于.dts 文件的(需要将其它建模软件制作的模型导出成 Torque 可用的.dts 格式)。Torque 中的另一种主要物体类型是“interior”，它是基于.dif 文件的。它的目录在 World Editor Creator 窗口中的 Interiors->GameOne->Data->Interiors 文件夹下，主要是场景中的建筑模型。Torque 提供了专门的制作 dif 文件的工具 Constructor。

◆ 创建人物

刚才已经创建了一个场景，现在创建一个人物。实际上当创建出场景时，Torque 就已经赠送了一个人物：一个蓝色小人。游戏中当然不允许这个人物的存在，所以现在要自己添加一个把他换掉。

在这里将使用脚本去完成这项工作：

```
%player = new Player() {
dataBlock = PlayerBody;
client = %this;
 };
MissionCleanup.add(%player);
```

这段代码负责在游戏中创建人物，其中的 dataBlock 是由许多属性组成的，通过属性反应人物的基本信息，比如模型位置、移动速度、装备的武器等。注意，更改属性对人物有着相当程度的影响。

```
  datablock PlayerData(PlayerBody)
{
 …
  shapeFile = "~/data/shapes/player/player.dts";
 …
 …
};
```

有了这两段代码就可以任意创建人物了。当然，如果只有这两段是不够的，这样创建的人物至多不过是 NPC，如果想要创建玩家可控的游戏人物，则需要使用下面这段代码：

```
%player.setTransform(%spawnPoint);
 %player.setShapeName(%this.name);
%this.camera.setTransform(%player.getEyeTransform());
 %this.player = %player;
 %this.setControlObject(%player);
```

代码的前几句给出的是该人物在场景中的信息，如出生位置等，这些属性可以酌情更改。最后两句则是让其可以被玩家所控制。这样创建出的人物也就是一般游戏中的玩家角色。

上面说过，在创建场景后，Torque 会附带一个人物，也就是说这些代码 Torque 已经创建好了。可以在 game.cs 文件中找到它们，在 player.cs 文件中找到 datablock，可以根据自己的想法直接对其进行更改。创建好的人物如图 4-36 所示。

图 4-36　创建人物

◆ 丰富场景

地形和人物都有了，现在来丰富一下这个世界吧。首先先种些树吧：

```
function StaticShapeData::create(%data)
{   %obj = new StaticShape() {
    dataBlock = %data;
   };
  return %obj;
}
```

可以在 editor.cs 文件中找到这段代码，如果没有可以手动将其添加进去。这段代码可以在场景编辑器中提供 Static Shape 对象供创建用，场景中的许多静态物体都要靠它创建。具体操作是在场景编辑界面中按 F4 键，它会显示在屏幕右下角，如图 4-37 所示。

现在需要创建它的数据集 datablock，其功能和人物的 datablock 是一样的，但属性是不同的。

```
Datablock StaticShapeData(objData)
{
…
shapeFile = "~/data/shapes/tree/tree01.dts";
…
…
}
```

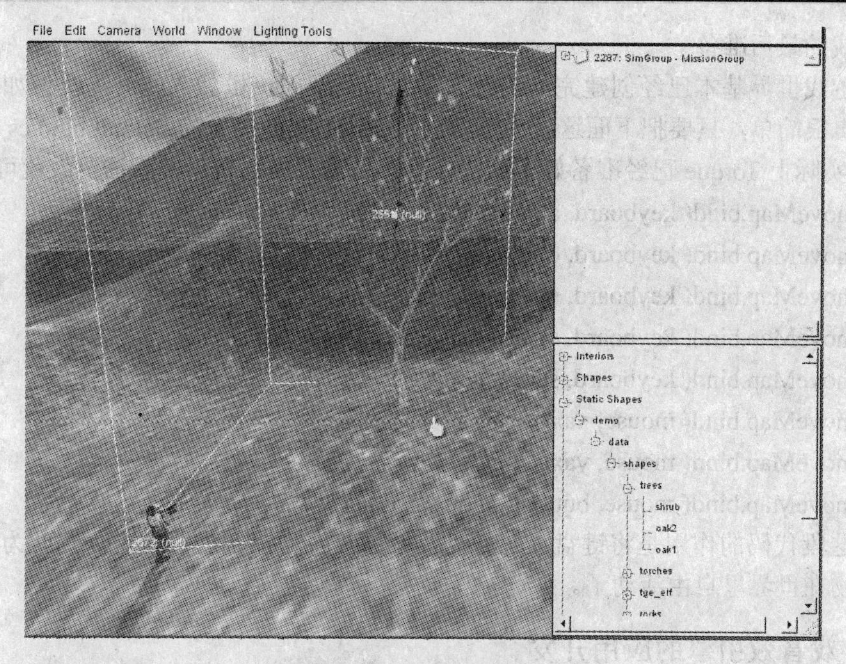

图 4-37　树的生成

在场景编辑界面找到某棵树，然后点击它的名字并把它拖到想放的地方。当然也可以通过脚本来实现，只需在需要添加时手动调用下面这段代码即可：

```
%obj= new StaticShape() {
    dataBlock = objData;
    Position = "0 0 0";          //位置属性
};
```

整个场景的最终效果如图 4-38(见彩页)所示。

图 4-38　使用 Torque 引擎创建场景的最终效果

• 游戏的最后准备

现在游戏世界基本已经创建完毕了，大家会有个疑问，虽然人物有了，但如何进行控制呢？其实很简单，只要把下面这段代码添加到 client 文件夹下的 default.bind.cs 文件里就可以了。(实际上 Torque 已经准备好了这些代码，只需要根据自己的想法更改就可以了。)

```
moveMap.bind( keyboard, a, moveleft );
moveMap.bind( keyboard, d, moveright );
moveMap.bind( keyboard, w, moveforward );
moveMap.bind( keyboard, s, movebackward );
moveMap.bind( keyboard, space, jump );
moveMap.bind( mouse, xaxis, yaw );
moveMap.bind( mouse, yaxis, pitch );
moveMap.bind( mouse, button0, mouseTrigger );
```

上面这段代码的作用是将键盘上的键以及鼠标与人物控制进行绑定。到此为止，已经可以让人物在世界里自由活动了。

4.5.3　游戏音效引擎的应用开发

1. 音效引擎的作用

音效引擎可读入并播放如 MIDI、WAVE、MP3 等格式的声音文件；并可对多个声音资源进行混音播放，动态地变更播放节拍与节奏，实现例如变调、回响，以及其它的声音特效；还可对声音进行 3D 定位，创造 3D 的环境声响；亦可进行声音的捕获。

2. 常见的声音引擎简介

1) DirectSound

DirectSound(见图 4-39)是微软开发的 DirectX API 的音频组件之一，它可以提供快速的混音和硬件加速功能，并且可以直接访问相关设备。

图 4-39　DirectSound

2) FMOD

FMOD(见图 4-40)是一个非常容易使用的跨平台声音引擎，能够在 Windows、Linux、PlayStation 2 和 XBOX 上使用，支持 C/C++/C#、VB、Delphi 等。

图 4-40　FMOD

3) OpenAL

OpenAL(见图 4-41)是另一个跨平台的 API，支持 Windows、Linux，能应用于 C/C++、Delphi 和 Java 等。

图 4-41　OpenAL

3. 引擎的应用

1) DirectSound 的应用开发

● 配置 DirectSound 的开发环境

在进行 DirectSound 开发之前，一定要设置好开发环境，否则在编译时会提示找不到定义。DirectSound 的开发环境很好设置，简单地说就是包含一些头文件，将 lib 文件添加到工程中，但仅仅包含 dsound.h 肯定是不够的。一般情况下在工程中需要包含下面两个文件：

```
#include <mmsystem.h>
#include <dsound.h>
```

如果想使用 Direct Sound 的 API，那么还要在 VC 开发环境中添加 Dsound.lib 库。

- DirectSound 的对象

开发环境配置好后就可以在工程中任意使用 DirectSound 提供的接口和函数了。下面简单介绍 DirectSound 开发中要用到的对象，如表 4-2 所示。

表 4-2　DirectSound 开发中用到的对象列表

对　象	数　量	作　用	主 要 接 口
设备对象	每个应用程序只有一个设备对象	用来管理设备，创建辅助缓冲区	IDirectSound8
辅助缓冲区对象	每一个声音对应一个辅助缓冲区，可以有多个辅助缓冲区	用来管理一个静态的或者动态的声音流，然后在主缓冲区中混音	IDirectSoundBuffer8, IDirectSound3DBuffer8, IDirectSoundNotify8
主缓冲区对象	一个应用程序只有一个主缓冲区	将辅助缓冲区的数据进行混音，并且控制 3D 参数	IDirectSoundBuffer, IDirectSound3DListener8
特技对象	没有	用来辅助缓冲的声音数	8 个特技接口 IDirectSoundFXChorus8

先创建一个设备对象，然后通过设备对象创建缓冲区对象。辅助缓冲区由应用程序创建和管理，DirectSound 会自动地创建和管理主缓冲区。一般来说，应用程序即使没有获取这个主缓冲区对象的接口也可以播放音频数据，但是如果应用程序想要得到 IDirectSound3DListener8 接口，就必须自己创建一个主缓冲区。

- 开发基本流程

◆ 创建一个设备对象并设置设备对象的协作度

在代码中可以通过调用 DirectSoundCreat8 函数来创建一个支持 IDirectSound8 接口的对象，这个对象通常代表缺省的播放设备。当然也可以枚举可用的设备，然后将设备的 GUID 传递给 DirectSoundCreat8 函数。

如果没有声音输出设备，这个函数就返回 error，或者，在 VxD驱动程序下，如果声音输出设备正被某个应用程序通过 waveform 格式的 API 函数所控制，该函数也返回 error。

下面是创建对象的代码：

```
LPDIRECTSOUND8 lpDirectSound;
HRESULT hr = DirectSoundCreate8(NULL, & lpDirectSound, NULL));
```

注意，DirectSound 虽然基于 com，但是并不需要初始化 com 库，这些 DirectSound 已经都做好了，当然，如果要使用 DMOs 特技，就要自己初始化 com 库了。

因为 Windows 是一个多任务操作环境，在同一个时刻有可能多个应用程序共用同一个设备，通过协作度，DirectX 就可以保证这些应用程序在访问设备的时候不会冲突，每个 DirectSound 应用程序都有一个协作度，用来确定接近设备的程度，在创建完设备对象后，一定要调用 IDirectSound8::SetCooperativeLevel 来设置协作度，否则是不会听到声音的。

```
HRESULT hr = lpDirectSound->SetCooperativeLevel(hwnd, DSSCL_PRIORITY);
if (FAILED(hr))
{
ErrorHandler(hr);       // Add error-handling here.
}
```

◆ 创建一个辅助 Buffer(也叫后备缓冲区)

可以通过 IDirectSound8::CreateSoundBuffer 来创建 buffer 对象，这个对象主要用来获取处理数据，这种 buffer 称为辅助缓冲区，以和主缓冲区区别开来。Direct Sound 通过把几个后备缓冲区的声音混合到主缓冲区中，然后输出到声音输出设备上，达到混音的效果。

◆ 获取 PCM 类型的数据

将 WAV 文件或者其它资源的数据读取到缓冲区中。

◆ 将数据读取到缓冲区

可以通过 IDirectSoundBuffer8::Lock 方法来准备一个辅助缓冲区进行写操作，通常这个方法返回一个内存地址，将数据从私人 buffer 中复制到这个地址中，然后调用 IDirectSoundBuffer8::Unlock。

◆ 播放缓冲区中的数据

可以通过 IDirectSoundBuffer8::Play 方法来播放缓冲区中的音频数据，可以通过 IDirectSoundBuffer8::Stop 来暂停播放数据。可以反复停止和播放音频数据。如果同时创建了多个 buffer，那么可以同时播放这些数据，这些声音会自动进行混音。

通过 IDirectSoundBuffer8::GetVolume 和 IDirectSoundBuffer8::SetVolume 函数可以获取和设置正在播放的音频的音量大小。

如果设置主缓冲区的音量，就会改变声卡的音频的声量大小。对于音量的大小，减少 3 分贝相当于减少 1/2 的能量。最大值衰减 100 分贝时就几乎听不到了。

通过 IDirectSoundBuffer8::GetFrequency 和 IDirectSoundBuffer8::SetFrequency 函数可以获取和设置音频播放的频率，主缓冲区的频率不允许改动。通过 IDirectSoundBuffer8::GetPan 和 IDirectSoundBuffer8::SetPan 函数可以设置音频在左、右声道播放的位置，具有 3D 特性的缓冲区无法调整声道。

2) FMOD 的应用开发

使用 FMOD 可避免游戏中复杂的 DirectX API 调用。FMOD 的功能十分之强大，支持包括 PSP 在内的几乎所有游戏平台，而且简单易用，支持世面上几乎所有常见音频格式。

• 基本准备

FMOD 是免费的，可以从它的官方网站上下载 API 等文件。之后只需要添加头文件和库文件就可以了。一些常用的库文件如下(C/C++)：

fmodvc.lib 用于 Microsoft Visual C++；

fmodbc.lib 用于 Borland；

fmodcc.lib 用于 LCC-Win32；

fmod-3-7.lib 用于 GCC。

• 开始使用

◆ 初始化

开始播放声音前，需要进行初始化：

```
FSOUND_Init (44100, 32, 0);
```

其中第一个参数是输出频率，单位为 Hz；第二个参数是最大软件信道数；第三个参数可以设置一些标志，不设置时赋值为 0。

◆ 基本常识

FMOD 将音频分为声音(sound)和音乐(music)两种。前者如 .MOD，.S3M，.XM，.IT，.MID，.RMI，.SGT 和.FSB 等，后者如 .WAV，.MP2，.MP3，.OGG 和.RAW 等。二者使用不同的函数处理。它们都可以通过采样或流的方式来处理，不过小文件一般通过采样方式，它可以多次播放但占用较多内存，而大文件一般通过流方式，以减少内存消耗。

◆ 播放音乐

首先定义一个 FMUSIC_MODULE 类型变量来作为文件句柄。然后就可以通过 FMUSIC API 实现音乐的播放及控制。

装入文件：

```
handle=FMUSIC_LoadSong("YourFileName");
FMUSIC_PlaySong(handle);
```

音量控制：

```
FMUSIC_SetMasterVolume (handle, 255); //后面的参数在 0～255 之间，值越大声音越大。
```

暂停播放：

```
FMUSIC_SetPaused (handle, true);
```

重新开始：

```
FMUSIC_SetPaused (handle, false);
```

循环播放：

```
FMUSIC_SetLooping (handle, true);
```

停止播放：

```
FMUSIC_StopSong (handle);
```

释放音频内存：

```
FMUSIC_FreeSong (handle);
```

下面是一个命令模式下的例子：

```
#include <conio.h>
#include "inc/fmod.h"
FMUSIC_MODULE* handle;
int main ()
{
// 初始化
FSOUND_Init (44100, 32, 0);

// 装载音乐
handle=FMUSIC_LoadSong ("canyon.mid");
```

```
// 只播放一次
// 播放 midi 文件时请关闭循环播放
FMUSIC_SetLooping (handle, false);

 //播放
 FMUSIC_PlaySong (handle);

// 按任一键结束
while (!_kbhit())
{
}

//释放
FMUSIC_FreeSong (handle);
FSOUND_Close();
}
```

◆ 播放声音

使用采样(sample)方式时，先定义 FSOUND_SAMPLE 类型变量，然后就可以使用 FSOUND 系列函数实现声音的播放与控制，装入文件：

```
handle=FSOUND_Sample_Load (0,"YourFileName",0,0,0);    //除文件名外的参数用于多采样或其它
FSOUND_PlaySound (0,handle);
```

设置音量：

```
FSOUND_SetVolume (handle, 255);
```

暂停：

```
FSOUND_SetPaused (handle, true);
```

重新开始：

```
FSOUND_SetPaused (handle, false);
```

停止：

```
FSOUND_StopSound (handle);
```

释放：

```
FSOUND_Sample_Free (handle);
```

下面是一个简单的例子：

```
#include <conio.h>
#include "inc/fmod.h"

FSOUND_SAMPLE* handle;
```

```
int main ()
{
// 初始化
FSOUND_Init (44100, 32, 0);

// 装载和播放
handle=FSOUND_Sample_Load (0,"sample.mp3",0, 0, 0);
FSOUND_PlaySound (0,handle);

// 按任一键结束
while (!_kbhit())
{
}

// 释放
FSOUND_Sample_Free (handle);
FSOUND_Close();
}
```

使用流(stream)方式时先定义一个 FSOUND_STREAM 类型变量，然后就可以使用 FSOUND 系列函数实现声音的播放与控制。

装入文件：

```
handle=FSOUND_Stream_Open("YourFileName",0, 0, 0);
FSOUND_Stream_Play (0,handle);   //提示：3.7 版本之前的方式是不一样的
```

停止：

```
FSOUND_Stream_Stop (handle);
```

释放：

```
FSOUND_Stream_Close(handle);
```

下面是一个简单的例子：

```
#include <conio.h>
#include "inc/fmod.h"

FSOUND_STREAM* handle;

void main ()
{
//init FMOD sound system
FSOUND_Init (44100, 32, 0);

//load and play sample
```

```
handle=FSOUND_Stream_Open("sample.mp3",0, 0, 0);
FSOUND_Stream_Play (0,handle);

//wait until the users hits a key to end the app
while (!_kbhit())
{
}

//clean up
FSOUND_Stream_Close(handle);
FSOUND_Close();
}
```

◆ 关闭

关闭音频的命令如下：

```
FSOUND_Close ();
```

3) OpenAL 的应用开发

Torque 使用 OpenAL 引擎调用音频文件。在 Torque 的根目录文件夹下，有一个 OpenAL32.dll 文件。

播放音频文件时需要在内存中创建两个对象：AudioDescription 和 AudioProfile。

AudioDescription 定义了音频文件播放的一些属性，如音量大小及是否循环播放等，而 AudioProfile 指定播放音频文件。

- 创建 AudioDescription 对象

```
new AudioDescription(AudioTest)
{
    volume = 1.0;
    isLooping= false;
    is3D = false;
    type = 0;
};
```

- 创建 AudioProfile 对象

```
new AudioProfile(AudioTestProfile)
{
   filename = "~/data/sound/test.wav";        //指定要播放的文件
   description = "AudioTest";                 //AudioTest 就是第一步创建的对象
};
```

- 播放音频文件

需要调用 alxPlay() 函数实现音频文件播放：

```
alxPlay(AudioTestProfile);
```

- 停止播放

需要调用 alxStop() 函数停止播放：

```
alxStop(AudioTestProfile);
```

4.5.4　网络游戏通信引擎的应用开发

1. 网络游戏种类

目前网络游戏产品的种类从大的方面主要可以分为以下几个方面：

(1) 棋牌类休闲网络游戏：登录网络服务商提供的游戏平台后，进行双人或多人对弈，如纸牌、象棋等。提供此类游戏的公司主要有腾讯、联众、新浪等。

(2) 网络对战类游戏：玩家通过安装市场上销售的支持局域网对战功能的游戏，通过网络中间服务器实现对战，如 CS、星际争霸、魔兽争霸等。主要的网络平台有盛大、腾讯等。

(3) 大型网络游戏：多为 MMORPG 类游戏，扮演某一角色，通过执行任务提升等级或得到宝物等，如大话西游、传奇等。提供此类平台的主要有盛大等。

2. 网络游戏的架构

一个网络游戏通常分成客户端、网络端、服务器端和网页端。

(1) 客户端：主要在客户端实现游戏界面的显示。游戏界面包括游戏地图的显示、精灵的显示、UI(用户界面)的显示，还有就是一些游戏规则的说明等。

(2) 网络端：网络端主要包括两个方面。在服务器端，从数据库中取出数据，然后将数据发送给客户端，并从客户端得到数据，然后更新数据库；而在客户端，需要从网络中取出数据，然后更新游戏变量，得到游戏变量后将它发送给服务器。

(3) 服务器端：服务器端主要是与数据库打交道。服务器端的主要内容就是取数据库内容并更新数据库内容。

(4) 网页端：网页端实现的主要内容就是用户的注册、修改及信息的发布、玩家的交流和互动。

网络游戏通信引擎开发实质上就是网络端部分的开发，它的作用是保证客户端与服务器端之间能够按要求正确地接收和发送数据。

3. 网络游戏通信中的 TCP/IP 协议

网络游戏是利用 TCP/IP 协议，以 Internet 为依托，可以多人同时参与的游戏项目。因特网连接了世界上不同国家与地区无数不同硬件、不同操作系统与不同软件的计算机，为了保证这些计算机之间能够畅通无阻地交换信息，必须拥有统一的通信协议。作为一个通信协议，要提供数据传输目的地址和保证数据迅速可靠传输的措施，这是因为数据在传输过程中很容易丢失或传错，所以互联网上就使用 TCP/IP 作为一个标准的通信协议。

IP 协议负责数据的传输，而 TCP 协议负责数据的可靠传输。TCP/IP 协议所采用的通信方式是分组交换方式。数据在传输时分成若干段，每个数据段称为一个数据包。TCP/IP 协议的基本传输单位是数据包。

1) IP 协议

在因特网中，IP 协议是能使连接到网上的所有计算机网络实现相互通信的一套规则，它规定了计算机在因特网上进行通信时应当遵守的规范。任何厂家生产的计算机系统，只要遵守IP协议就可以与因特网互连互通。正是因为有了IP协议，因特网才得以迅速发展成为世界上最大的、开放的计算机通信网络。因此，IP协议也可以叫做“因特网协议”。

2) 面向连接的TCP协议

“面向连接”就是在正式通信前必须要与对方建立起连接。比如给别人打电话，必须等线路接通了、对方拿起话筒才能相互通话。TCP(Transmission Control Protocol，传输控制协议)是基于连接的协议，也就是说，在正式收发数据前，必须和对方建立可靠的连接。一个TCP连接必须要经过三次“对话”才能建立起来，其中的过程非常复杂，这里只做简单、形象的介绍。这三次对话的简单过程为：主机A向主机B发出连接请求数据包：“我想给你发数据，可以吗？”，这是第一次对话；主机B向主机A发送同意连接和要求同步(同步就是两台主机一个在发送，一个在接收，协调工作)的数据包：“可以，你什么时候发？”，这是第二次对话；主机A再发出一个数据包确认主机B的要求同步：“我现在就发，你接着吧！”，这是第三次对话。三次“对话”的目的是使数据包的发送和接收同步，经过三次“对话”之后，主机A才向主机B正式发送数据。

TCP协议能为应用程序提供可靠的通信连接，使一台计算机发出的数据流无差错地发往网络上的其他计算机，对可靠性要求高的数据通信系统往往使用TCP协议传输数据。

3) 面向非连接的UDP协议

“面向非连接”就是在正式通信前不必与对方先建立连接，不管对方状态就直接发送，而不用管对方手机处于什么状态。这与手机短信非常相似：你在发短信的时候，只需要输入对方手机号就OK了。

UDP(User Data Protocol，用户数据报协议)是与TCP相对应的协议。它是面向非连接的协议，它不与对方建立连接就把数据包发送过去。

UDP适用于一次只传送少量数据、对可靠性要求不高的应用环境。比如经常使用的用来测试两台主机之间TCP/IP通信是否正常的“ping”命令。其实“ping”命令的原理就是向对方主机发送UDP数据包，然后对方主机确认收到数据包，如果数据包是否到达的消息能及时反馈回来，那么网络就是通畅的。正因为UDP协议没有连接的过程，所以它的通信效率高；但也正因为如此，它的可靠性不如TCP协议高。QQ就可以选择使用UDP协议发消息，因此有时会出现收不到消息的情况。

4) TCP或UDP的选择

TCP协议和UDP协议各有所长，适用于不同要求的通信环境。网络游戏数据传输使用UDP还是TCP，主要是从数据传输速度和数据传输精度两方面考虑：对速度传输要求高的游戏可以考虑使用UDP，如常见的动作射击类游戏；对数据传输精度要求高的游戏可以考虑使用TCP。

4. Torque网络通信实例

Torque基于C/S架构，Torque的脚本程序分别存放在client和server两个文件夹中，分别对应了游戏的客户(client)端和服务器(server)端。server文件夹存放大部分代码。

当client端和server端通信时，需要调用两个函数；CommandToServer和CommandToClient。CommandToServer函数是从客户端发送消息给服务器端，CommandToClient函数是从服务器端发送消息给客户端。

4.6　游戏软件的测试与优化

游戏测试作为游戏开发中质量保证的最重要的环节，在游戏设计与开发的过程中发挥着越来越重要的作用。

4.6.1　基本测试流程

1. 测试组长制定全面的测试计划

制定测试计划是个很花时间的过程。测试计划是一个完整测试过程的指导，全面的测试计划是依据最终的策划案而制定的。如果策划案发生变更，那么测试计划也要根据策划案的变更进行必要的调整。

测试组长必须要对游戏产品有全盘了解，并根据最终的策划案制定完整、正确的测试计划，测试计划要准确描述测试结束后游戏所能达到的各种指标。应依据测试计划安排测试时间和各种人员。

2. 测试计划实施阶段

游戏测试目标是确保游戏中的各种功能的正确性和游戏在指定环境下运行的正确性。这在测试中分别叫功能测试和压力测试。

1) 功能测试

功能测试是指测试游戏软件各个功能是否正确、逻辑是否正确、游戏是否实现所有策划案中设计的功能。功能测试可分为各种美术资源测试、NPC 对话测试、NPC 特定功能测试、各种道具的使用带来的数据测试、角色升级带来的人物属性变化测试、聊天系统测试、各种任务的测试、战斗测试、物品捡取丢弃测试、登录测试、技能的使用测试、地图跳转点测试等。

2) 压力测试

压力测试的项目主要有各地图能够承载的人数测试、各地图怪物的刷新率测试、地图内不同怪物的搭配测试、服务器承载大量物品同时爆出的能力测试等。

游戏开发需要依靠一个团队进行。游戏测试是游戏开发的一个重要环节。在测试工作中尽管测试计划制定的已经足够详细，但是在测试工作中总会发生一些意外的情况。所以在测试计划实施阶段，测试人员应该按照测试计划稳步进行测试工作。测试人员发现异常情况时要及时与测试组长进行沟通，此时测试组长要多与测试人员沟通了解测试计划的执行情况，并根据实际情况对测试计划进行必要调整。

3. 回归测试

回归测试针对原测试软件中出现的错误进行回归检测，同时对系统新功能和特征进行测试。在游戏测试工作中，回归测试是用于保障对 BUG 的修改不会引入新的 BUG，所以简单的讲就是对修改后的版本按照最新的测试计划重新进行一次完整的测试过程。在回归测试过程中要重新验证每一个测试点，特别是一些刚刚修复的 BUG。对于新增功能，在回归测试中也是测试的重点。

4. 关键点测试

游戏关键点就是一些发生错误后对游戏有较大影响的较大问题。在关键点中主要包括操作系统兼容性测试、硬件兼容性测试、游戏平衡性测试、地图跳转点能否正常工作、游戏的性能测试等对玩家影响比较大的问题。在这部分内容的测试中需要与开发人员进行更多的沟通，详细了解各种开发方法与技术，尽可能多地模拟各种边界情况进行测试。

在关键点测试工作中，重点工作主要集中在操作系统兼容性测试、硬件兼容性测试和游戏的性能测试方面。游戏兼容性测试的目的是考查游戏在不同的软件和硬件配置中的运行情况。在玩家 PC 的硬件和操作系统的种类与开发人员和测试人员使用的机器有一定的差别，安装的软件，比如驱动程序、应用程序等也有许多差异，这样可能造成一些无法预想到的情况。所以在游戏兼容性测试中，在条件允许的情况下应尽可能进行多种组合的测试。操作系统兼容性测试要在目前主流的操作系统上测试游戏；硬件兼容性测试要重点测试一些显卡是否与游戏存在冲突，某一型号的驱动程序是否与游戏存在冲突等。性能测试主要测试服务器端在超负荷环境中运行时程序是否能够承担。在性能测试中模拟设定不同的工作量，评估服务器端在不同的工作量条件下正常工作的能力。性能测试的目的是确保服务器端在超出最大预期工作量的情况下仍能正常运行。

关于客户端的性能测试主要是检查客户端在长时间运行中是否存在内存泄漏的问题。同时还要评估客户端在与其它程序竞争使用内存、CPU 时间片时能否正常运行，检验客户端在复杂情况下的运行能力。

由于目前没有用于游戏软件测试使用的测试工具，测试工作完全是人工操作，所以测试人员的水准对于测试工作的质量也有一定的影响。总的来说，测试人员应该具备比较认真的工作态度、有耐心、善于思考、有强烈的好奇心和保持良好心态的能力。

4.6.2　游戏测试的方法及内容

1. 游戏测试方法

测试是游戏开发一个极为重要的组成部分，其所需要的时间一般要占去整个开发周期的 1/3 左右。测试贯穿于整个开发进程，小规模的模块测试是由程序人员自行完成的。对策划来讲，如何完成最终的产品测试才是真正需要关心的。按照软件工程的理论，测试方法主要有两种：黑盒测试与白盒测试。所谓黑盒测试，就是把要测试的对象当作一个黑盒子，不需要知道里面是怎么处理的，只要对输入和输出数据进行测试就可以了；而白盒测试正好相反，测试者必须对测试对象的内部处理过程非常了解，对里面所有的分支和循环进行实验，从而达到测试的目的。黑盒测试与白盒测试都是最基本的测试方法，属于低层的测试理论，实际的测试方案都是在这两种测试方法基础上产生的。

对于游戏的测试，也不外乎这两种测试方法。基于黑盒测试所产生的测试方案属于高端测试，主要是在操作层面上对游戏进行测试；基于白盒测试所产生的测试方案属于低端测试，是对各种设计细节方面的测试。

黑盒测试中不需要知道里面是如何运行的，也不用知道内部算法是如何设计的，只要看游戏中战斗或者情节发展是否是按照要求来进行的就可以了。这种测试可以找一些对游戏不是很了解的玩家来进行，只要写清楚要干什么，最后达到什么样的效果，并记录下游戏过程中所出现的问题即可。

而白盒测试就需要知道内部的运算方法。比如 A 打 B 一下，按照 A 和 B 现在的状态应该掉多少血之类都应当属于白盒测试。白盒测试需要开发人员自己来完成，因为内部的算法只有开发人员自己才清楚。

由于测试的工作量巨大，合理安排好测试和修正 BUG 的时间比例非常关键，否则很容易出现发现了问题却没有时间改正或者问题堆在一起无法解决的矛盾。测试设计应当在开发的设计阶段就要完成。在测试方案中，设计人员要根据需要把黑盒测试和白盒测试有效地结合在一起，并且按照步骤划分好测试的时间段。

根据游戏开发过程，测试大致可以分成单元测试、模块测试、总体测试和产品测试几个方面。

单元测试一般集中在细节部分，主要是在游戏引擎开发阶段对引擎的构造能力和完善性进行检测。该部分的工作要求细致严谨，因为任何一点小的纰漏都可能导致后期大量 BUG 的产生。这时要求程序开发人员与策划达到无隔阂的交流，策划人员要清楚该引擎任何一个功能单元的使用方法和效果，这样才能够保证测试中能及时发现问题并指出问题的所在。

模块测试是在游戏开发进程中按照阶段进行的，每当一个模型产生后就需要对该部分进行一次集中测试，从而保证系统的坚固和完善。模块之间的接口测试也属于该部分的工作，就是说各个游戏模块之间如何实现过渡，数据如何进行交换等都要进行严格的测试。往往在模块内部测试时一切正常，但把模块拼装在一起后反而问题百出，这就需要在阶段性模块测试中及时解决。

总体测试属于比较高层的测试，在游戏的 Demo 基本完成后，要从宏观上把整个游戏合成在一起，这时就要求有全面控制进度的能力。

产品测试往往也会伴随一些市场活动。

2. 游戏测试内容

1) 测试总时间分配

如何分配测试总时间会直接影响到开发的进度。测试总时间包含测试时间、测试结果汇总时间以及修改错误的时间等几个部分。一般来说，开发人员只认为测试时间才是需要分配的，其实测试总结和修改 BUG 等工作占用的时间是更多的。如果不进行测试情况汇总，项目管理者就无法弄清到底是哪些部分出了问题；如果不立即对发现的问题进行修改，就会导致更多的问题发生。所以定期测试、发现问题、解决问题才是最合理的，而把整个开发周期划分为几个阶段定期测试是对产品质量的根本保证。科学安排测试的时间能够用最少的代价解决最多的问题，而把测试都堆积在最后结果只会是一团糟。

2) 测试人员安排

测试人员的选择和调配对游戏质量来讲是非常关键的。

内部的测试人员都是精选的职业玩家分析人员，对游戏有很深的认识；外部游戏媒体专业人员对游戏作分析与介绍，既可以达到宣传的效果，又可以达到测试的目的；外部一定数量的玩家对外围系统进行测试，他们是普通的玩家，同时也是最主要的目标客户，主要的来源是大中院校的学生等，他们主要测试游戏的可玩性与易用性，发现一些外围的 BUG。游戏进入到最后阶段时，还要进行内测、公测等。公测有点像应用软件 beta 版的测试，可以让更多的人参与测试，测试有大量玩家时游戏的运行情况。

3) 测试内容清单

测试方案设计人员应精心地考虑计算，尽量把测试内容精确到操作级，最好能细化到某测试人员点击鼠标几百次这种程度。因为测试人员对游戏内容是不了解的，所以只有把任务全都明确后才可以收到预期的效果。只规定某人去玩这个游戏然后给予反馈是不负责任的做法，这种测试方案只能丢到废纸桶去。要将每个测试人员的工作明确，用测试表格的形式填写测试报告并签字，才算是合格的测试方案。

4) 测试结果汇报

测试报告汇总上来后，策划人员要对全部方案进行评估并进行分类，把测试中发现的问题确定解决优先级，然后反馈给相关部门。问题特别严重的要敢于要求返工，任何一点小问题都不能放过。严格的测试才能带来高质量的游戏产品，这个法则适用于任何产业，游戏也不例外。

5) 调整开发进度

由于测试发现的问题所带来的进度影响要及时反馈给上级领导，同时及时更新项目进度表，并注明更改原因。因为开发进度的调整关系到很多部门的工作，所以最好在早期设计进度时就把测试时间预留下。

科学地制订测试方案并协调好各部门之间的进度，对任何一个项目来说都是至关重要的事情，在保证进度的同时也需要严格把握每个测试环节以保证质量。

4.6.3 运行效率优化

游戏性能的优化，主要包含了数据库、网络和程序等几个方面的优化。

1. 数据库的优化

数据库优化时首先要对索引进行优化，由于索引的优化不需要对表结构进行任何改动，是最简单的一种，同时又不需要改动程序就可能大幅提升性能。不过要注意的是索引不是万能的，增加索引会对数据的增删改造成很大的影响。其次是对表、视图、存储过程的优化。不过在分析之前需要知道优化的目标，客户行为中哪些SQL是执行得最多的，所以必须借助某些SQL的跟踪分析工具定位问题。

2. 网络的优化

网络的优化是对游戏本身网络通信的优化，它与程序的优化是结合在一起的。首先要做的是发现问题，通过工具先定位是哪些应用占用了较多的网络流量，由于网络游戏的用户数巨大，所以这也是一个重要的问题。

3. 程序的优化

程序优化主要有两方面内容，一是针对算法的优化，一是针对代码的优化。

算法(Algorithm)是解题的步骤，可以把算法定义成解决确定问题的任意一种特殊的方法。在计算机科学中，算法要用计算机算法语言描述，算法代表用计算机解一类问题的精确、有效的方法。同一类问题可能有多种解决方法，算法的优化就是尽量应用较好方法解决问题。

代码的优化实质上就是减少代码的重复，减少占用的计算机资源，如内存等。根据编程语言的不同，可采用相应的方法优化代码。

4.6.4　游戏的版本控制

版本控制(Revision control)是一种软件工程技术，借以在开发的过程中，确保由不同人所编辑的同一程序都得到更新。版本控制透过文档控制记录程序各个模组的改动，并为每次改动编上序号。简单点说，在开发过程中，会不断发现新需求，不断发现 BUG，如果不做控制，软件将永远无法发布，或者今天一个版本，明天又是一个版本。版本控制就是要保证每个版本完成应该完成的功能。

1. 版本控制工具的作用

版本控制工具在开发中解决以下问题。

1) 代码管理混乱

如果有人添加或删除了一个文件，其他人很难发现。没有办法对文件代码的修改追查跟踪。易出现文件丢失或新版本代码被同伴无意覆盖等现象。

2) 解决代码冲突困难

当多人同时修改一个公共文件时，解决代码冲突是一件很头疼的事。最原始的办法是手工打开冲突文件，逐行比较，再手工粘贴复制。更高级的做法是使用文件比较工具，但仍省不了繁杂的手工操作，一不小心，甚至会引入新的 BUG。

3) 在代码整合期间引入深层 BUG

例如开发者 A 写了一个公共函数，B 觉得正好可以复用；后来 A 又对这个公共函数进行了修改，添加了新的逻辑，而这个改动却是 B 不想要的。或者是 A 发现这个公共函数不够用，又新做了一个函数，B 却没有及时获得通知。这些，都为深层 BUG 留下隐患。

4) 无法对代码的拥有者进行权限控制

代码完全暴露在所有的开发者面前，任何人都可以随意进行增、删、改操作，无法指定明确的人对代码进行负责，对于产品的开发，这是极其危险的。

5) 项目不同版本发布困难

产品开发过程中会频繁地进行版本发布，这时如果没有一个有效的管理产品版本的工具，一切将变得非常艰难。

2. 版本控制工具介绍

1) Visual SourceSafe

Visual SourceSafe (VSS)是一种源代码控制系统，它提供了完善的版本和配置管理功能以及安全保护和跟踪检查功能，如图 4-42 所示。VSS 通过将有关项目文档(包括文本文件、图像文件、二进制文件、声音文件、视频文件等)存入数据库进行项目研发管理工作。用户可以根据需要随时快速有效地共享文件。文件一旦被添加进 VSS，它的每次改动都会被记录下来，用户可以恢复文件的早期版本，项目组的其他成员也可以看到有关文档的最新版本，并对它们进行修改，VSS 也同样会将新的改动记录下来。用 VSS 来组织管理项目，使得项目组间的沟通与

图 4-42　VSS

合作更简易而且直观。

VSS 可以同 Visual Basic、Visual C++、Visual J++、Visual InterDev、Visual FoxPro 开发环境以及 Microsoft Office 应用程序集成在一起，提供了方便易用、面向项目的版本控制功能。Visual SourceSafe 可以处理由各种开发语言、创作工具或应用程序所创建的任何文件类型。在提倡文件再使用的今天，用户可以同时在文件和项目级进行工作。Visual SourceSafe 面向项目的特性能更有效地管理工作组应用程序开发工作中的日常任务。

2) SUBVERSION

SUBVERSION 是一个开源的版本控制系统，如图 4-43 所示。在 SUBVERSION 管理下，文件和目录放在中心版本库里。这个版本库很像一个普通的文件服务器，不同的是，它可以记录每一次文件和目录的修改情况。于是就可以借此将数据恢复到以前的版本，并可以查看数据的更改细节。SUBVERSION 的版本库可以通过网络访问，从而使用户可以在不同的电脑上进行操作。SUBVERSION 是一个通用系统，可以管理任何类型的文件集。

图 4-43　SUBVERSION

习　题

1. 简述游戏软件的基本开发流程。
2. 当前主流的游戏软件基本开发语言有哪些？
3. 什么是 DirectX？它包含哪些内容？
4. 简要描述一下 2D 动画的程序实现过程。
5. 什么是游戏中的人工智能？结合你所熟悉的一款游戏谈谈其中人工智能的使用。
6. 简述游戏引擎的含义。举例说明几个典型引擎的特点。
7. 游戏测试的基本流程是什么？

第 5 章　游戏营销、运维与项目开发管理

本章所述的营销、运维等种种，主要是针对网络游戏而言的。

5.1 游戏营销

游戏营销是商家借助网络游戏、手机游戏等各种新兴的游戏形式促进产品销售的一种行销手段。游戏营销并不是仅仅通过一些营销活动来推广游戏，而是一个整体的产品经营，它包括产品的定位、开发、市场策划和营销，需要一支强大的团队支持。游戏营销的成功同样来自于各种市场元素的成功组合。

5.1.1　游戏营销的几种谋略

游戏开发企业利用游戏营销来促进产品的销售和品牌的建造，主要有以下几种谋略。

1. 搭便车

搭便车，顾名思义，就是一种产品通过搭乘另一种产品来实现双方的宣传与销售目的，它最希望得到的结果就是“双赢”。应用到游戏营销中通常就是一种与游戏相关的产品或者企业通过与游戏的搭售来实现增加消费者、扩大销售量以及树立品牌的目的。

比如明基推出的新款纯平显示器，同时将《大话西游 2》和《精灵》的游戏客户端随显示器驱动一起送给消费者。明基通过与网易(游戏开发商)的合作，演绎了游戏营销这样一个崭新的概念，让消费者去知道这件产品，了解这件产品，关注这件产品，从而选择这件产品，使用这件产品。可见，游戏营销在整套完善的营销体系中扮演了不可替代的角色。

2. 代言人

一般来说，代言人是广告商在综合分析竞争环境、竞争对手以及消费者心理的基础上，结合自身产品特点， 寻找一个产品的物化对象，它可以是一个实实在在的人物，也可以是一个虚拟的代言人，比方说卡通或漫画人物。在游戏营销中，寻找与产品或者游戏相贴切的代言人也是一种常用的谋略。网易为促销其开发的网络游戏《大话西游》，邀请了周星驰和杨千嬅作为代言人，考虑到的首先是周星驰的同名电影《大话西游》，从游戏的娱乐性和轻松风格来说，周星驰和杨千嬅的大众形象也正是游戏《大话西游》所追求的效果。

3. 公共关系

公共关系对于建立、维护、改善与各类公众的关系具有重要的作用，通过公共关系建立与玩家的互动。当然游戏营销者与玩家并不是简单的单方推动，而是多层次的信息反馈，最终达到双方共赢的结果。

通过建立会员或者俱乐部形式也是游戏营销处理与游戏消费者的常用公关手段。像日本游戏公司任天堂成立的任天堂俱乐部，所登记的会员已超过 200 万人。在缴纳 16 美元的年费之后，会员可得到一本名为《任天堂魅力》(Nintendo Power)的月刊，而且不论儿童或成人均可打电话向“游戏顾问”(game counselor)请教。

国内的游戏营销多采用游戏大赛，让游戏玩家在考验智力的游戏中体验游戏带来的刺激、娱乐以及成就感，通过比赛既给玩家提供展示自我的舞台，又让他们对游戏有更直接和深刻的了解。而且这类游戏比赛吸引众多的参与者所引发的规模效应又会赚得众人眼球，获取良好的媒介和公关效果。

5.1.2　从盛大《传奇》看网络游戏营销策略

盛大《传奇》是中国引进的比较早的一个网络游戏，其整个发展过程可以说能够代表网络游戏的发展历程。下面让我们来看一看盛大《传奇》的营销策略，并从中解读网络游戏的营销策略。

1. 产品开发与服务策略

1) 代理开发游戏软件

盛大《传奇》是通过代理开发的软件，因此快速获得了质量相对优良的产品。众多的任务关卡、简洁的操作界面、稳定的游戏系统和相对公正的网络秩序既吸引了数量众多的玩家，也为抢占市场时机奠定了良好的基础。后来的《传奇世界》是盛大自行开发的。网络游戏最早发源于国外，在中国，网络游戏表现出与日韩截然不同的差异性。从长远看，单纯的代理终将在上下游挤压中走向穷途末路，未来在网络游戏产业纵横驰骋的，必将是那些占据产业链高端的竞争者。

2) 网络游戏服务

网络游戏产品并不仅仅是软件本身，更多的是售后服务，其盈利途径主要来源于客户持续的使用而获得的收益。盛大在引进《传奇》获得客户之后，做了大量的工作来保留客户，提升他们的忠诚度。盛大的游戏管理人员 24 小时保持与玩家的沟通，迅速形成了用户忠诚和传播效应。在公司资金薄弱的情况下，盛大仍然毫不犹豫地投入了 500 万元巨资，建了一套大规模的呼叫中心，平均每天接听超过 3000 个电话，相应问题提交、答复只需 24 小时。如今，这种服务模式已经成为中国网络游戏业的默认标准。

2. 定价收费策略

1) 按时间收费

当年盛大《传奇》采用月卡形式，以 35 元的包月价横扫国内市场，其商业模式为按照玩游戏的时间掏钱。盛大《传奇》通过向游戏玩家收费，找到了以往网络游戏依靠网络广告、电信分成等模式以外的新赢利模式，开辟了一条迅速赢利的捷径。另一种按时间收费的模式为点卡，主要是按照玩游戏的时间来计费。

2) 按道具收费

在《传奇》游戏每况愈下的情况下，盛大又宣布了《传奇》成为免费的游戏，采取了新商业模式——对于游戏里面的道具收费。这好比一个巨大的虚拟社区，用户可以随便进来逛，但是要得到高档的产品就必须掏钱。其目的在于吸引转向私人服务器的众多玩家。

3. 渠道策略

传统网络游戏的收费模式是游戏玩家在销售网点购买存储一定游戏时间的点数卡，传统的分销模式中，渠道通路一般分为4～5级。每一级代理商根据自身利益，决定对游戏的推动力度。传统模式存在的弊端就是渠道商因为对之并不看好而拒绝下单，渠道商的议价能力强。同时随着盛大《传奇》用户数量的迅速增加，传统渠道缺乏控制力和行动迟缓的缺点开始暴露出来。

盛大一方面继续维护和增加其他的营销渠道作为补充，比如建设产品网站、合作专题网站等，另一方面吸收台湾、韩国地区的网吧营销机制，结合国内电子商务的状况，创造了 E-sale 模式：盛大通过电子商务和网上银行直接和网吧产生供销关系，网吧业主填写一份申请表格向盛大提出在线申请，盛大审查确认后，网吧业主就可以用特定的用户名和密码登陆到其 E-sale 系统中，通过银行卡的电子转账就可在10分钟内完成虚拟点卡的进货。若用户在网吧玩游戏的过程中需要充值，则网吧业主只要知道玩家的账号就能直接在 E-sale 系统内为玩家充值，从而实现了真正意义上的零库存和即时交易，而且减少了流通费用。盛大通过这种模式，摆脱了对传统渠道的依赖，达到了最大限度的市场覆盖，甚至将市场扩展到了原有渠道覆盖不到的地区。后来盛大针对《传奇》点卡又推出了短信购买、银行卡购买、银行柜台购买及电话主叫拨号购买等销售渠道。

4. 促销策略

1) 大众推销

盛大出版了《传奇官方宝典》和《传奇官方问题集》，取得了很好的效果，中国第一本网络游戏纪念邮票《传奇世界》珍藏版也在游戏的推广上取得了很好的反响。这种大众推广方式，不但没有花钱，更多的是从消费者手中拿到了钱，而且还发展了新的游戏用户。

2) 人员推销

盛大因为其渠道模式，而未在人员推销上下很多功夫。网络游戏的人员推销目前以游戏推广员为主要方式，网易、搜狐、新浪、亚联、目标、21CN 均有类似方案。游戏推广员的主体为网吧业主、网吧管理员和部分玩家，厂商对这些推广员的控制力几乎为零，只是根据其业绩给予奖励。由于游戏推广员的主要推广对象限于网吧用户，而控制的缺乏又令推广队伍难以保持稳定，因而大大降低了人员推销的作用。

3) 销售促进

盛大在这方面也是经常通过节假日的特殊游戏道具的提供，来吸引更多的爱好者，同时在游戏的开始阶段也免费试用一段时间，来吸引更多的玩家。网络游戏有较长的一段测试期，这段测试期相当于一段免费促销期，厂商通过免费试用的方式吸引目标用户尝试并产生消费习惯，而更多的促销活动则集中于这段大的促销期当中。在竞争激烈的行业中，促销战的运用较多，效果虽然明显，但毕竟属于短期行为，尤其对于网络游戏这种粘着性较强的产品，当市场成长缓慢时，促销的作用会大打折扣，其意义更多地是在于活动前后的媒体宣传，以及某些特定情况下的使用。

4) 大型活动促销

盛大和大型的公司，如与宋城、浙江电信、上海奇浪等联合推出了“又在杭州，论剑西湖”大型嘉年华活动，将自己《传奇世界》等游戏所聚集的人群资源和游戏本身的内容资源，嫁接上海奇浪的制作能力，宋城的旅游场地和人气，再结合浙江电信的短信平台和盛大网络的媒体推广优势，将各个方面的资源整合到一个平台上来，共同开发资源的潜在价值空间。

5. 品牌策略

盛大打破了网游产业传统的体验方式，将人与电脑扩展到了人与手机，人与电视，人与 PDA，人与游戏机，甚至人与玩具，人与模型等一切在接触中能够产生体验的实物上。网络游戏与电影、卡通、音乐玩具等信息内容密不可分，周边的产品延伸到其他的领域。这样做不仅依附游戏本身赚取了大量的利润，还可以巩固客户群，提高知名度，延长游戏的生命周期。

5.2　游戏的运营与维护

5.2.1　游戏的运营

游戏运营即是将一款游戏推入市场，通过对产品的运作，使用户从认识、了解到实际上线操作，最终成为游戏的忠实用户的这一过程，同时通过一系列的营销手段达到提高在线人数，刺激消费增长利润等目的。一般大多数人所理解的运营，主要集中于市场策划部分，事实上，运营一款游戏包括十大要素。

1. 系统准备

系统准备包括硬件与软件。硬件指服务器准备，包括服务器操作系统安装与 SQL 数据库软件安装等。软件指游戏的服务器端软件准备及游戏客户端准备等。

2. 官方网站建设

官方网站(常简称为官网)是运营商面对玩家的最主要渠道之一，同时官网也承载了新闻发布、资料搜寻、游戏下载、玩家互动等多种功能。论坛也是组成官网的一部分。

3. 软文宣传

通常软文从发布渠道来分，分为官网软文与媒体软文，官网软文发布在官方网站，针对现有玩家，媒体软文发布在各网媒与平媒，针对现有玩家的同时也针对其他玩家。从软文类型上来区分，分为事务新闻、官方公告、活动公告、系统公告、客服公告、公关新闻等。

4. 广告

广告分为网媒广告、平媒广告与公众广告等。网媒广告即在各网络媒体、官网、软件等渠道投放的广告；平媒广告即发布在杂志、报纸上的广告；而公众广告则发布在车身、广告牌等。此外，通过 E-Mail 发送 EDM，也可以算是广告的一种方式。

5. 活动

活动包括线上活动与线下活动。线上活动即在游戏中进行的活动，可以是游戏中固有的活动，也可以是策划出的活动，并由开发商进行相应的添加操作；线下活动可在网站、论坛、网吧、软件店等地方进行，活动方式也比较多样。

6. 地面推广

地面推广(地推)主要在玩家群体较为集中的场所，如网吧、学校、软件店等，地推方式不外乎海报张贴、网吧活动、网吧桌面宣传、周边品赠送、传单发送、客户端安装等。时下流行的分区运营也可划归为地推部分。

7. 客服体系

客服是总体概称，通常分为电话客服、论坛客服与线上 GM 等。

8. 渠道

渠道分实体卡渠道、虚拟卡渠道及电信增值业务三种。一般大型的网络游戏运营公司都会构建自己的实体卡渠道，如网易、盛大、金山、网龙等，当年盛大即是通过对传统渠道的突破，使点卡直接进入网吧系统，为《传奇》的成功奠定了基础。中型及小型的运营公司则可以通过与大型渠道商的合作来达到渠道的铺货，如国内的骏网、连邦、晶合等等。虚拟卡渠道则主要是通过售卡平台来实现。电信增值业务则是通过与电信、网通、移动、联通等电信商合作，利用电话、短信等方式实现购卡。

9. 异业合作

异业合作的方式是多种多样的，可合作的行业也有很多，但一般以网站和快速消费品行业为多，如饮料、方便面、零食等，但也要依游戏类型来定。一般常见的合作有网站会员导入，饮料或方便面包装上加印游戏人物及新手卡号或抽奖，游戏形象授权制作公仔、钥匙扣、胸章等，以及资源交换等几种方式。

10. 策略结盟

策略结盟属运营的高级阶段，它要求游戏产品与结盟产品处于基本相同的认识度，并且用户群有交集，在双方产品的行销、运营等各个环节互为推动，以此达到双方共赢的目的。如魔兽世界与可口可乐的合作，就属于策略结盟。国内很多游戏签约明星为代言人，虽然大多涉及炒作，但也可以划归为策略结盟，因为明星本身拥有众多的 FANS(支持者)，明星借签约代言提高知度名，运营方与明星互惠互利。

运营一款游戏，远非想象中那么简单，它涉及多个层面，以上十项中的前八项可谓缺一不可。如果将游戏主策划喻为游戏的灵魂，则产品经理就是游戏的大脑，只有大脑与灵魂相互理解与统一，才能使一款游戏立于网游这个行业的森林里，如劲松拔地而起，傲视群木。

5.2.2 游戏的维护

游戏发行后，为保证游戏能够正常运行，游戏开发商需要定期对游戏进行维护。维护主要包括以下内容：

(1) 修改程序的错误(BUG)：游戏在发行后，需要提供可下载的补丁程序。针对计算机不同的操作系统、显卡、声卡等。玩家在玩游戏的过程出现的错误可以通过下载、安装补丁解决。

(2) 修改游戏本身：主要是游戏规则的调整、玩家装备的调整和游戏界面的调整等。

(3) 服务器端主机备份：如数据库的备份等。

(4) 游戏在线论坛社区支持：技术支持包括帮助玩家解决玩游戏时碰到的各种技术问

题，提供玩家交流信息的场所等。

5.3 游戏项目开发管理

5.3.1 游戏项目的特殊性

游戏作为一种特殊的软件产品，比普通的软件开发更为复杂，因此，游戏项目开发管理较之一般软件项目更具挑战性。游戏项目开发和其它的开发项目管理方面相比有相当大的不同，主要表现在以下三点；

(1) 项目开发周期长：网络游戏项目的开发周期一般在 1 年半到 2 年，随着需求的变化，一个游戏开发三年以上的很正常。

(2) 涉及环节多：游戏的开发涉及策划、美工(二维、三维)、程序、测试等诸多环节，特别在资源调度上，难度很大。

(3) 需求变化多而快：市面上的游戏层出不穷，玩法推陈出新，如果不能及时赶上变化，往往在游戏推出时已经落后于主流游戏。因此，项目在进行过程中，经常需要根据市场变化更改需要。

5.3.2 游戏项目开发管理内容

1. 项目需求管理

游戏项目需求管理是项目成功的关键也是难点，这种需求来自玩家的实际需求或者是出于公司自身发展和实力的情况，其中玩家的需求(也就是市场需求)最为重要。

游戏项目需求分析可以按以下四个步骤进行：

(1) 组织策划和技术骨干代表编写游戏功能描述。

(2) 调查玩家的实际情况，明确玩家需求。

(3) 做好市场调研，通过市场调研活动，帮助项目负责人更加清楚地构想出游戏的大体架构和模样，总结同类游戏优势和缺点。

(4) 编写《玩家调查报告》和《市场调研报告》，作为日后项目开发过程中的依据。

2. 项目质量管理

游戏项目的质量管理因涉及面多而显得相对复杂。主要需管理好美术、策划、程序三大块，每一块的质量评测方法方式都不相同。例如美术方面和程序方面可按如下方式进行：

(1) 美术方面：采用定期审图机制，由美术总监进行每周评审，通过后即可交付策划部门放进资源库，供各部门调用。

(2) 程序方面：遵循软件工程管理，每个阶段都进行详细的测试，并使用工单系统和 BUG 管理系统对发现的问题进行跟踪。

应按照监督计划分配相应的资源来保证某阶段的开发质量。质量监督人员在认为确实有必要的情况下才召开质量复审会议。质量复审会议的主要参与者是项目经理、项目负责人、分析人员和质量监督组组长，会议的主要议题是提出质量质疑，明确是否需要改进。

3. 控制项目成本，做好项目预算

鉴于游戏项目开发周期长，需求变化多的特点，游戏开发项目是比较难以控制成本的，这就要求在项目立项的时候就要考虑多方面的因素，特别是需求变化所带来的风险。在制定预算的时候，也应该留部分预算灵活使用。

习　题

1. 为什么要进行游戏营销？游戏营销的策略有哪些？
2. 简述游戏项目开发管理的特点。

第 6 章　现代游戏的发展趋势

游戏是一个新兴的行业。从世界上第一台电子游戏机(即街机)的诞生到现在，无论在发展形势和表现形势，还是图形图像和音效上，都有了迅猛的发展。各类游戏产品已经深入到人们的生活中，并影响着人们的生活及娱乐方式。在科技日新月异的今天，游戏已经融入了影视、音乐和文学等多种艺术元素，创造了一个非常新的、繁荣的娱乐方式，很多人称之为“第九艺术”。下面从仿真化、网络化、移动化、智能化、综合化和全球化等六个方面来阐述现代游戏的发展趋势。

6.1　仿　真　化

目前市场上已经出现了一些将真实世界以虚拟的方式进行模拟的游戏，即仿真游戏，它可以是生活、探索或战争等真实世界中存在并且可以模拟的一切事物。最典型的游戏就是《模拟人生》。

从开发的角度，一些大型游戏已经在程序设计的过程中引入了游戏仿真层框架，把游戏仿真作为一个独立于图形系统的逻辑层次，这其中涉及多个学科内容，包括程序设计、人文学科以及虚拟世界的本质和结构等。

游戏中的仿真代表了游戏内容驱动游戏图形的层次，随着游戏复杂程度提高，游戏对仿真的设计也提出了更高的要求。除了计算机学科的理论之外，越来越多其他学科的内容会被引入进来，因为这涉及到对计算机中虚拟世界的本质的研究。可以预见的是，游戏仿真的研究会逐步扩展到对于计算机世界本质的研究。

6.2　网　络　化

最近几年网络游戏业的迅猛发展是游戏产业的一个非常显著的特征，游戏的网络化也正在改变着世界游戏业乃至整个信息技术产业的格局。目前中国游戏的网络化中出现了像盛大、巨人网络这样的企业，在取得市场业绩的持续领先之后，找到自身未来发展的定位，实施知识产权战略，建立优秀人才发掘与培养的机制，打造一条健康、可持续发展的产业链，有助于其成为真正意义上的产业领导者。网络游戏产业已经成为我国创意文化产业的代表，而知识产权战略的实施，很可能使其成为民族产业的代表。

网络游戏从一开始的只能在同一服务器/终端机系统内部执行，无法跨系统运行，到不再依托于单一的服务商和服务平台而存在，直接接入互联网，已经在全球范围内形成了一个庞大的市场。综观全球的网络游戏的发展，可以看出未来网络游戏的发展趋势有以下四点。

1. 大型化

目前不管是国内还是国外，具有一定市场影响力的网络游戏公司在公司规模上都是比较庞大的。早在2000年世嘉就已经拥有1000多名员工，有11个半独立的游戏开发工作室，而当时的韩国游戏业整体市场规模已经达到1.6万亿韩元(约合115亿元人民币)。当然这里所探讨的大型化，并非只是公司人员规模的简单膨胀，具备充分的资金支持，同时专业的行业水平和研发力量，都是衡量大型化的标志。

2. 多媒体的广泛应用

多媒体的应用与网络环境有着比较紧密的关系。在游戏的开发上，需要牺牲一定的特效以保证游戏正常、稳定的运行。在这个问题上，韩国和日本网络游戏从业者处理得比较实际：量入为出，投入10% 的资金却可以得到50% 的效果。目前在资金比较有限以及网络环境有待改善的情况下，我国的网络环境还不适合多媒体的广泛使用，随着网络环境的不断改善以及从业人员开发经验的不断积累，多媒体的应用将会得到大力发展，如电影一般逼真、流畅的游戏画面将会吸引更多的用户投入到网络游戏当中。

3. 网络游戏产品的系列化建设

国外的网络游戏已经呈现出系列化的特点，例如《最终幻想》、《文明》、《魔兽争霸》等系列产品，国内也出现了如《大话西游》、《万王之王》等系列产品。由于系列化产品具有品牌影响力大、产品的生命周期长、产品的研发周期短和产品设计难度低的优势，系列化产品的建设将会逐渐被网络游戏开发商所重视。

4. 与网络游戏平台商开展紧密合作

网络游戏的平台需要具有兼容性强、升级扩展能力强、设计难度大和进入壁垒高等特点，并且平台设计研发需要投入巨大的人力和资金，很多游戏厂商本身并不开发游戏运行的网络平台，而是与网络游戏平台商开展紧密合作，把更多的精力放到在用户心目中建立起专业化和高水平的企业形象，注重公司游戏品牌的建设，通过良好的品牌形象，以此来促进自身业务的发展速度与规模以及在业内的影响力。

6.3 移 动 化

随着移动终端性能的不断提高与完善，各种移动终端特别是手机游戏的可视性、娱乐性和交互性都得到了进一步的提高。2006年我国已拥有5百万的手机网游用户，据不完全统计，2007年已经达到1600万，预计2009年会超过8000万，到2010年会达到1.5亿的规模水平。随着3G 产业的快速开展，大型联网游戏将会成为手机游戏的主流。

目前移动终端游戏，特别是手机游戏，已经形成了一个完整的产业链，覆盖了移动终端制造商、游戏开发商、服务提供商和移动运营商等企业。以手机游戏为例，近年来手机制造商开始与机芯、操作系统企业展开合作，为手机游戏创造更好的软、硬件平台。由于手机游戏有巨大商业潜力，包括盛大、腾讯等公司也纷纷进军这块领域，他们依靠在网络游戏领域内积累的人才、资金和技术优势来争夺该市场。移动运营商在该产业链条中处于主导地位，他们通过控制手机制造商、游戏开发商和服务提供商三方的力量来实现收益。虽然手机游戏行业目前在中国是个新兴业务，但随着手机游戏服务供应商的推广，手机游戏将会受到越来越多人的关注，特别是受到年轻人的追捧。随着中国手机游戏用户数量的增加，这将成为一个庞大的玩家群体。

在移动终端游戏的类型选择上，一半以上的用户选择了益智类游戏。由于益智类游戏简单、易上手、操作时间短，能够使手机用户在较短的时间内去消遣，让用户在繁忙的时候得到放松。近两年来，在 PC 网络游戏快速发展的同时，已经出现了一些大型手机网络游戏，新的游戏种类给玩家带来了更多的选择。与此同时，手机玩家群体也在不断地发生变化，他们更能接受的是随时、随地、随身的移动休闲和娱乐方式。对于今后手机游戏玩家的发展而言，由于电子游戏、PC 单机游戏、网络游戏等其他平台的游戏在近几年时间里培养了一批忠实的职业玩家，所以这一批玩家将有可能成为手机游戏用户的支柱。

6.4 智 能 化

智能性也是未来游戏发展的一个重要方向，人工智能无论在视觉和感官上，还是从游戏本身的可玩性上都能够不断激发玩家的兴趣。尽管最近几年游戏开发的相关技术已经取得了相当程度的进步，特别是游戏的画面效果。然而在游戏的人工智能应用领域，游戏产业却始终没有明显的进步。目前很多游戏公司一直致力于游戏的智能性方面。

近日，Konami 公司宣布了实况足球最新续作《实况足球 2008》(Winning Eleven: Pro Evolution Soccer 2008)的很多消息。Konami 官方声称该作最大优点是玩家的人工智能，它是足球系列作品历史上的一次革命性创新。该人工智能系统的自由度很高，随时都能够根据玩家的各种变化来进行配合：譬如自动记忆不同选手的异样风格，从而很快进行学习和适应；实际应变能力非常强，可以迅速改变战术策略。人工智能系统将会从整体上改变足球爱好者们的玩法，因为自动适应性人工智能能够不断激发玩家，通过实际比赛变化状况来转换新思路，直到实施最佳的进攻策略。比如你和克劳奇(Peter Crouch)一样，习惯于沿着球场的下方快速奔跑，抓紧有利时机穿插跑位；另一方面，你的对手也会马上调整策略尽快弥补所有的空挡，这样你的突破就受到重重压力。

想象一下：如果游戏中的怪物被赋予更高的智力，看见弓箭会自动闪避，看到亲族被杀会愤怒，看到异类出现会攻击；或者玩家可以控制不同性格的雇佣兵，雇佣兵们不但可以自己学习新的技能，还能够自由为玩家游戏中的主人物搭配技能、武器和防具，同时能根据游戏背景选择攻击、逃跑和使用技能，另外雇佣兵还能理解玩家下达的任务指令，每个角色会根据自身不同的智力和能力来尽可能地完成任务。这样的游戏无疑会带给游戏玩家全新的刺激和体验。

6.5 综 合 化

综合化也是游戏发展的一个趋势，综合化主要体现在下面几个方面。

1. 不同平台技术的综合

如果要让同一款游戏能够运行在不同的平台上，比如 PC、Mac、PS/PS2 和 Xbox/Xbox360，那么就要考虑游戏的移植和跨平台运行，甚至对同一款游戏程序的开发而采用不同的游戏引擎技术，比如采用一种游戏引擎进行视频渲染、声音回放和三维渲染，采用另一种游戏引擎渲染三维真实的树木和植物，每个引擎作为一个独立的子系统开发，最后再将各个子系统集成到另外一个新的游戏引擎中。另外，游戏中的音效、电脑动画、人物模型等都是采用不同的工具和平台来开发的。这些都体现了游戏不同技术平台的综合性。

2. 各种类型游戏的渗透

游戏根据内容可以分为策略类、动作类、运动类、角色扮演类、冒险类等等。游戏的综合化也体现在不同类型游戏间的渗透，比如一个运动类游戏很可能会具备动作类游戏的特性，一个角色扮演类游戏可能会具备冒险类游戏的一些特性。以《怪物农场》为例，严格意义上讲它具有策略类游戏的特征，但该游戏只能对游戏中有限的人物或场景进行控制，游戏本身既存在冒险解迷的成分，又有动作类游戏的特点。

3. 游戏本身和各类行业的综合

前面提到的手机游戏形成的一个完整的产业链，覆盖了包括移动终端制造商、游戏开发商、服务提供商和移动运营商等，每个行业都会在自身的领域内围绕手机游戏进行相关运作，以便实现收益。另外，对于游戏行业和电影行业，因为一个游戏的流行而拍摄的电影，比如《古墓丽影》，或根据一个成功的电影而开发的游戏，比如《指环王》，都在各自行业获得了成功。这些都是游戏本身和各类行业的综合体现。

6.6 全球化

游戏的全球化体现在游戏文化的全球化。现在很多大型游戏公司，都在游戏中强化全球化服务，将各个国家的民俗和神话都在游戏中体现出来。比如 Gravity 公司的游戏产品《仙境传说》，在日本的版本中出现以日本古代神话为核心的任务，在中国台湾地区的版本中出现中国神话故事中的传奇都市和神仙人物。同样，在游戏中也反映出了各个国家的文化和文物，创造了一些别有韵味的世界观。此外，当地玩家还可以向当地运营公司提出想要增加的内容，由此吸引玩家更积极地参与到游戏中。

随着数字化、信息化、网络化时代的到来，数字生活已经不再是科幻小说中的情节。游戏作为娱乐产业数字化的重要内容，随着世界范围内数量众多的电游爱好者的加入，已经发生了质的变化，以往简单的人机对话方式，变成了人与人之间通过网络和游戏平台进行交流与竞争，既没有时间和地域的限制，又增添了新的乐趣和体验。作为一项全新的产业，游戏使得全球的年轻人跨越了语言、文化以及种族的隔阂，全球化趋势也是一个必然的趋势。

习　题

1. 在网络上找到暴雪、大宇或其它你所知道的公司的发展历程以及制作的相关游戏作品，通过这些作品，谈谈你对现代电子游戏发展趋势的理解。

2. 根据你自己对现代电子游戏发展趋势的理解，如果让你设计一款游戏，你会让游戏具备哪些特征？

习题参考答案

第1章

1. (提示)结合自身情况，简要回答。

2. 作为时下最受年轻人欢迎的一种活动，游戏给人们带来的是沟通的畅快与自由，是人与人交往的近距离与真切感。游戏吸引玩家的不仅仅是其所带来的休闲、娱乐作用。作为一种休闲、娱乐活动，游戏在很大程度上能够缓解人们由于工作、学习所带来的压力和负担。游戏主要作用有娱乐、益智、学习、交流和锻炼等。

3. (提示)可以按照游戏内容、游戏运行平台、游戏软件结构划分为不同类型。

4. 游戏开发流程大体上可分为游戏提案期、专案企划期、制作开发期、测试后制期和发行改进期几个过程。

5. (提示)思考游戏开发团队中所有的职位，结合自己的爱好与特长，写出自己的定位与计划。

第2章

1. 游戏的名字、游戏的类型、游戏的内容、游戏的特点、玩家的操作、游戏的风格。

2. 在各组成部分之间要综合考虑：游戏的目的、玩家的操作、每个关卡功能和各关卡之间不同的特点与区别等，这需要设计人员完全了解游戏的功能。设计者需要花大量时间来学习特定引擎和关卡编辑器的诀窍，并综合设计调整所有因素的平衡：动作、探险、解谜、剧情及美工。

3. 游戏吸引人的是它使我们可以更强调自己的独特之处，使我们的艺术形式区别于其他形式，而这正是其他媒体所无法满足的。为了获得成功，游戏需要利用这些独特之处，使之升华，并利用它们创造出最好的游戏：

(1) 玩家需要挑战；

(2) 玩家需要交流；

(3) 玩家需要独处的经历；

(4) 玩家需要炫耀的权利；

(5) 玩家需要情感的体验；

(6) 玩家需要幻想。

4. 背景故事、游戏元素、游戏机制、人工智能、任务系统、游戏系统功能。

第3章

1. 常用的手绘软件有Photoshop和Painter等。Photoshop主要用来完成原画和贴图的绘制，Painter 主要用于原画的创作。

2. 模型制作的主要工具有 3ds max 和 Maya 等。3ds max 的强项在于它的多边形工具组件和 UV 坐标贴图的调节能力，而 Maya 具有灵活、快捷、准确、专业、可扩展、可调性的特点。

3. ① 交待时空关系。游戏是时间和空间共存的交互艺术。时间的流动和空间的转换，使玩家产生更强的置入感。

② 营造情绪气氛。气氛的营造是游戏场景设计的第一位，不同的环境、气候和色彩能带给玩家不同的感受。

③ 烘托角色。角色和场景的关系是相互依存、不可分割的。通过对角色身份的物质空间和周围场景环境构建，烘托角色的性格特点，展现角色的精神面貌，反映角色的心理活动。

④ 强化视觉冲击力。绝对强度和相对强度、同时起作用的各种刺激物之间的对比关系以及刺激物活动、变化和新奇的场景颇具视觉冲击力，能强化视觉冲击力，使画面效果富于感染力，最大限度地创造视觉诱导效果。

4. 首先原画设计师要根据游戏剧情的策划进行概念设计，设计出原画的概念设计稿。场景原画一般要求画出全景和局部景，包括局部场景中的一些更细小的建筑装饰纹样和一些标志等，要让 3D 场景制作人员很清楚地知道此景的所有结构特征和色彩搭配。这些只是原画设计的设计稿，之后还要完成色彩稿，才是完整的原画场景稿。然后进行绘制各个角度的剖面图，再由三维设计师进行三维建模，按照规定精简面数。再然后由材质设计师进行贴图绘画和为模型添加材质。最后由程序员进行接口程序的导出。

5. 游戏角色设计并不是一项简单的任务，设计者的思路受到外部因素与角色设计本身诸多的影响和制约。

外部因素：① 硬件机能：对游戏角色设计起到最大制约作用的，就是硬件机能；② 游戏类型：不同类型的游戏，对游戏角色的需求不同；③ 文化背景：不同的文化背景的玩家，审美观不同，导致玩家对游戏角色接受程度不同。

内部因素：① 形体造型；② 身体比例；③ 服装道具；④ 角色的动作特征；⑤ 角色的性格特征；⑥ 角色的背景故事。

6. 不同类型的游戏，对游戏角色的需求不同。RTS 类型的策略游戏显然不需要非常细致的角色设计；而 RPG 和 AVG 游戏中则需要很多性格丰富的人物角色，并要反映出人物成长的历程；FTG 类型的游戏则需要人物角色个性张扬，一出场的亮相加上人物的特有小动作来吸引玩家的注意，有时候还要杜撰一些背景故事来加强角色的分量。例如风靡全球的经典 FTG 游戏《街头霸王》，每个角色亮相的时候都会展示自己的独特造型。

7. 分类：使用类、装备类和情节类。

参数：名称、使用方式、提升攻击力、提升防御力、恢复生命力、伤害力、特殊作用、作用范围、价格和备注等。

8. Colour(色彩)、Diffuse(散射|过渡色)、Luminosity(发光)、Specularity(高光)、Glossiness、Gloss(光泽)、Reflection(反射映像)、Transparency and Refraction(透明与折射)、Translucency(半透明)、Bump(凹凸)。

9. 点光源(point light)、局部灯光(spot light)、区域光(area light)、环境光(ambient light)

和方向光源(infinite/directional)。

10. ① 特殊效果的创造能力：游戏特效制作人员必须有出奇的想象力与大胆的创新精神，这个是特效制作人员应该具备的最重要的能力，创造力与表现力来源于长期的游戏积累和认知酝酿过程。

② 效果的分析分解能力：对效果的分析分解能力是特效制作人员必备的专业技能，同时也是体现特效制作人员能力强弱的基本内容。

③ 效果鉴赏能力：想要对创作好的效果进行必要的修改和调整，效果鉴赏能力就是重要的前提条件。对于美术工作者来说，不但能够对别人的效果进行分析与学习，还要能对自己制作的效果进行自我鉴定和品评，这样才能成为真正的游戏特效制作人员。

11. ① 挤压和拉伸；② 预示，③ 展示，④ 非关键帧和关键帧动画，⑤ 跟进和重叠运动，⑥ 慢进慢出，⑦ 弧线运动，⑧ 辅助动作，⑨ 夸张，⑩ 吸引力，⑪ 立体感，⑫ 时间控制。

12. 硬件：高性能电脑或专用音频工作站、专业音频接口、调音台(也可用控制台替代)、MIDI 键盘(合成器)、硬件效果器、监听音箱等。

软件：音频编辑软件和插件、声效素材库、制作经验等。

13. (提示)根据不同的游戏风格和题材，音效各有特色。

14. 游戏音效的交互式混音和动态范围都是对游戏音效的音量控制，分别是由音效处理引擎中的混音程序和动态控制程序来完成的，它们都处于音效制作的最后阶段，主要用于音效的混音和控制，作用是平衡游戏音效的音量。

第 4 章

1. 整个游戏软件的制作过程一般可以分成三个阶段：编程前阶段、编程阶段和调试阶段。在编程前阶段，对游戏软件进行程序设计，编写相应的设计文档，定义 I/O 结构和游戏内部结构。等到游戏计划写完了并得到通过之后，便进入游戏编程阶段，实施游戏的程序开发。在游戏软件编程完成之后进入调试阶段，调试阶段的主要工作是检测程序上的漏洞和通过试玩调整游戏的各个部分参数，使之达到基本平衡。

2. 用于开发游戏的编程语言有很多，目前使用最多的为 C++、C#和 Java。使用 C++语言编写的游戏非常多。很多手机游戏都是使用 Java 语言进行开发的。

3. DirectX 是一种 Windows 系统的应用程序接口(Application Programming Interface，简称 API)，它可以让以 Windows 为操作平台的游戏或多媒体程序获得更高的执行效率，而且还可以加强 3D 图形成像和丰富的声音效果，另外提供设计人员一个共同的硬件驱动标准，让游戏开发者不必为每一个厂商的硬件设备编写不同的驱动程序，同时也降低了使用者安装及设置硬件的复杂度。

DirectX 是由很多 API 组成的，按照性质分类，可以分为四大部分：显示部分(DirectDraw、Direct3D)、声音部分(DirectSound)、输入部分(DirectInput)和网络部分(DirectPlay)。

4. 动画是一种运动幻觉，它在游戏开发过程中作为一个虚拟角色，给游戏带来了生命。游戏程序所做的就是用每一帧渲染计算机内存的一块区域，这块区域叫缓存。大多数图形硬件同时支持前后缓存。显示器上显示的是前缓存中图像，当游戏应用程序显示前缓存(可见的)的时候同时将下一帧内容渲染到后缓存。当渲染结束的时候，这两个缓存进行交换，这样已经完成渲染的后缓存就变成了前缓存进行显示，而原来的前缓存就变成了后缓存，渲染就能在后缓存重新开始了。如此不断进行，就形成了动画。

5. 游戏的人工智能是指用来控制游戏中各种活动对象行为的逻辑，使它们表现得合情合理，如同人的行为一样。

(提示)找一款你熟悉的游戏，描述其中哪些部分使用了人工智能。

6. 游戏引擎是电子游戏或者其他交互式实时图像应用程序的核心软件组件，它提供游戏运行的底层技术，简化了游戏开发过程，支持多种硬件平台和操作系统，包括游戏主机和运行 Linux、Mac OS 或 Windows 的桌面系统。它主要包含以下功能模块：二维或三维渲染引擎(即渲染器)、物理引擎、碰撞检测(碰撞响应)、声音、脚本、动画、人工智能、网络、流(steaming)、内存管理、线程以及场景组织。

7. 测试组长制定全面的测试计划—测试计划实施—回归测试—关键点测试。

第 5 章

1. 游戏营销是商家借助网络游戏、手机游戏等各种新兴的游戏形式促进产品销售的一种行销手段。(提示：结合游戏营销的作用，说明其必要性。)

游戏营销的策略有：搭便车、代言人、公共关系等。(提示：具体阐述其实施方法。)

2. 项目开发周期长、涉及环节多、需求变化多而快。

第 6 章

1. (提示)可以根据搜索到的资料从两个角度来理解：① 纵向上，不同年代设计的游戏具有越来越多的特性(可以通过不同年代的各种游戏出现的特性举例说明)，可以看到游戏的发展趋势；② 横向上，同一年代设计的游戏也具有越来越多的特性(可以通过某一款游戏具备的各种特性举例说明)，从而也可以看到游戏的发展趋势。

2. (提示)根据自己喜欢的游戏类型，结合现代电子游戏发展趋势的各种特征来回答(可以对照目前主流的各种类型的游戏来进行设计)。

附录 A　游戏策划案模板

一、游戏的开发计划

1. 游戏类型

表 1　游戏类型列表

游 戏 类 型	选　择	补　充
动作类(ACT)	√	—
冒险类(AVG)	√	—
三维射击类(Doom-like)	√	—
格斗类(FTG)	√	—
飞行模拟类(Flight Sim)	√	—
第一人称射击(Quake-like)	√	—
角色扮演类(RPG)	√	—
即时战略类(RTS)	√	—
经营模拟类(SLG)	√	—
体育运动类(SPT)	√	—
射击类(STG)	√	—
回合制战略类(TBS)	√	—
解谜类 (PZL)	√	—

备注：① 选择将要设计的游戏类型，在“选择”栏中打勾。如游戏将采用两种类型的游戏结合，可同时在多栏中打勾。

② 当游戏设计类型上述表格中无法提供时，可在“补充”栏中描述出将要设计的游戏类型。“补充”栏可以填写一切与游戏相联系的信息。

2. 开发环境

表 2　开发环境列表

开 发 环 境	选　择	补　充
Java	√	—
Brew	√	—
Symbian	√	—
Smartphone	√	—

备注：① 选择游戏开发环境，在“选择”栏中打勾。如游戏将开发多个平台，可同时在多栏中打勾。

② “补充”栏中可以填写所有与游戏开发环境相联系的信息，例如：是否有计划开发网络版，游戏将会做多少平台等。

3. 开发周期

表3 开发周期列表

时 间	选 择	补 充
15(工作日以内)	√	—
30(工作日以内)	√	—
30(工作日以上)	√	—

备注：① 选择游戏开发周期，在“选择”栏中打勾。

② “补充”栏中可以填写所有与游戏开发周期相联系的信息，例如：美工部分计划用时天数，程序部分计划用时天数。

③ 开发周期超过30个工作日以上，属于非正常开发周期。必须在“补充”栏写明原因，同时需单独提交计划周期表，由项目经理确认。

二、游戏的世界设定

1. 游戏的故事情节叙述

- 将整个游戏将要发生的所有事件，包括人物、时间等，以叙述故事的方式写出。
- 游戏内容可以尽情发挥想象力，尽可能地与热门事件、电影等为参考方向，取材方面应避免与政治、色情等事件相联系。
- 游戏的发生时间。尽可能地少用“一百年前”、“十万年以后”等模糊字眼。
- 游戏中存在的人物。将玩家即将扮演的角色描述细致，其余的非玩家控制角色可进行衬托性描写。
- 对于事件叙述时，应达到前后一致、剧情生动。
- 场景描写时，尽可能将游戏场景完整刻画，为美工造成深刻的直观印象。
- 角色扮演类、经营模拟类等游戏，在游戏中将会出现大量文字对白，需在叙述故事时叙述清楚，为后期程序文字提取时做准备。

2. 游戏的玩法介绍

- 将游戏过程以简单扼要的方式进行描述。
- 简单叙述玩家所操控的角色在游戏中将要做什么。
- 简单描述游戏中将会出现的关卡以及玩家需要怎么做。
- 简单叙述游戏中一些道具并告诉玩家使用方法。
- 尽可能地叙述出在游戏过程中玩家将会碰到的问题。

3. 游戏的特色单元

- 详细描述出游戏与同类型游戏不同的地方，例如取材、道具等。
- 详细描述出游戏特色部分的使用方法，比如人物、道具等。分为多点进行具体描述。
- 描述出特色部分的惊奇之处，例如全新的道具使用会增加哪些功能以吸引玩家。

三、产品用户定位

● 综合性地对游戏进行一个叙述。

● 分析目前用户市场中的同类产品和用户人群。

● 描述出本产品的卖点，主要是区别于同类游戏的特色部分，例如新颖的设计、简单的操作方式等。

● 根据游戏的类型，制定出游戏面向人群，例如喜欢军事游戏的玩家或是喜欢格斗类的玩家。

四、游戏内容的具体介绍及美工要求

1. 游戏地图单元及关卡单元设计特性

● 以美工的角度，简要叙述出整个游戏的场景，包括场景风格、角度等，横版还是纵版以及每个关卡的完整尺寸。

● 以美工的角度，简要叙述出游戏中将会出现的物件等。

● 限制美工绘制地图时所使用的容量。

2. 游戏地图图素列表

● 将游戏场景部分的物件，包括地图块等图素，以表格的方式列举出。

● 介绍游戏将以怎么样的形式进行地图拼接，例如拼图或贴图。

● 详细描述出游戏共分为多少关，每关的场景分别是什么。

表4　制作一款RPG类型游戏的地图图素表

物件名称	尺寸	是否存在GIF	参考图片	补充	数　值
树木	16×16	不存在	—	—	—
炮台	32×32	存在：共五帧，需要绘制出炮台转向射击过程	—	—	初始HP值：100，初始攻击力：50

备注：①“是否存在GIF”栏中填入“存在”或“不存在”；在“存在”的情况下，需详细描述出GIF预计将会在多少帧内完成以及整个GIF的过程。

② 如设计者在绘画方面经验较弱，可在各种网站中寻找自己所需要的游戏人物与物件造型，放入“参考图片”栏中，供美工参考。

③ 为了加深美工的印象，可将关于所需要物件的信息，详细地写在“补充”栏中。

④ 如某物件拥有质和量上的变化，例如具有攻击值或被攻击值，则需在“数值”栏中填入该物件的初始值，以便于后期程序员在代码中进行运算。

3. 角色单元设计特性

● 以美工的角度，简要叙述游戏中人物角色的风格。

● 限制美工绘制人物角色时所使用的容量。

● 详细描述出共有多少人物存在，并对人物动作进行概要性的描述。

4. 游戏人物图素列表

表 5 制作一款 RPG 类型游戏的人物角色图素表

物件名称	尺寸	是否存在 GIF	参考图片	补充
战士	16×16	存在：射击动作部分为 8 帧，绘制出从举枪到射击的动作过程；行动动作为 3 帧，绘制出走路的动作	—	初始攻击力：100，初始防御力：80，初始等级：3 级，初始 HP：100
商人	16×16	不存在	—	—

备注：① “是否存在 GIF”栏中填入“存在”或“不存在”；在“存在”的情况下，需详细描述出 GIF 预计将会在多少帧内完成以及整个 GIF 的过程。

② 如设计者在绘画方面经验较弱，可在各种网站中寻找自己所需要的游戏人物与物件造型，放入“参考图片”栏中，供美工参考。

③ 为了加深美工的印象，可将关于所需要物件的信息，详细地写在“补充”栏中。

④ 如某物件拥有质和量上的变化，例如具有攻击值或被攻击值，则需在“数值”栏中填入该物件的初始值，以便于后期程序员在代码中进行运算。

5. 游戏道具的设计特性

- 以美工的角度，简要叙述出游戏道具的风格。
- 限制美工绘制道具时所使用的容量。
- 简要叙述出道具在游戏中所起到的作用。

6. 游戏道具图素列表

表 6 制作一款 RPG 类型游戏的道具图素表

物件名称	尺寸	是否存在 GIF	参考图	补充
匕首	8×8	不存在	—	初始攻击力：4
手榴弹	8×8	存在：爆炸全过程，共 4 帧	—	初始攻击力：9

备注：① “是否存在 GIF”栏中填入“存在”或“不存在”；在“存在”的情况下，需详细描述出 GIF 预计将会在多少帧内完成，以及整个 GIF 的过程。

② 如设计者在绘画方面经验较弱，可在各种网站中寻找自己所需要的游戏人物与物件造型，放入“参考图片”栏中，供美工参考。

③ 为了加深美工的印象，可将关于所需要物件的信息，详细地写在“补充”栏中。

④ 如某物件拥有质和量上的变化，例如具有攻击值或被攻击值，则需在“数值”栏中填入该物件的初始值，以便于后期程序员在代码中进行运算。

五、游戏数值分析及程序要求

1. 游戏整体开发要求

- 准确地叙述出游戏玩法，例如角色在游戏中的运动问题。
- 准确地叙述出键盘按键与操作的方式。

• 在收到美术图片后，在 3 个工作日内向程序员提供地图数据，包括人物在内的所有详细数据。

• 限制程序员开发的容量。

2. 游戏各元素关系

• 准确描述出游戏中每个元素的信息，比如物件的运动规则和行动规则等。

• 准确描述可动物件的信息与不动物件的信息。

3. 数值计算

• 准确地叙述游戏中物体运动的路线。

例如：在飞行射击类游戏中，每次按键的触发将造成物体运动 X 像素；游戏自动卷屏速度为 X 像素/秒。

• 准确地进行游戏中各种可变量的公式推导。

例如：Pclass>Nclass

$Pexp = Nexp * [\,100-4 *(\,Pclass-Nclass\,)]\ \%$

其中，

Pclass：玩家使用角色的当前等级。

Nclass：被玩家攻击的怪物 NPC 等级。

六、游戏音效

1. 游戏音效要求

游戏在程序制作时间内，就应向音效部门申请。

表 7　音效的主要格式

音效格式	选　择
WAV	√
MIDI	√
MMF	√

2. 游戏音效内容

表 8　游戏音效列表格式

音效叙述	音效格式	音效长度	音效容量
枪击音乐	MIDI	1 s	>1 KB

附录 B 《益智棋》程序源代码

```
#include <iostream>
#include <string>
#include <vector>
#include <algorithm>
using namespace std;

//全局常量
const char X='X';
const char O='O';
const char EMPTY=' ';
const char TIE='T';
const char NO_ONE='N';

//函数原型
void instructions();
char askYesNo(string question);
int askNumber(string question,int high,int low);
char humanPiece();
char opponent(char piece);
void displayBoard(const vector<char>& board);
char winner(const vector<char>& board);
bool isLeagal(int move,const vector<char>& board);
int humanMove(const vector<char>& board,char human);
int computerMove(vector<char>& board,char computer);
void announceWinner(char winner,char computer,char human);

void main()
{
    int move;
    const int NUM_SQUARES = 9;
```

```
    vector<char> board(NUM_SQUARES,EMPTY);

    instructions();
    char human = humanPiece();
    char computer = opponent(human);
    char turn = X;
    displayBoard(board);

    while (winner(board) == NO_ONE)
    {
        if (turn == human)
        {
            move=humanMove(board,human);
            board[move]=human;
        }
        else{
            move=computerMove(board,computer);
            board[move]=computer;
        }
        displayBoard(board);
        turn= opponent(turn);
    }
    announceWinner(winner(board),computer,human);
    return ;
}
void instructions()
{
    cout<<"Welcome to the game of Tic-Tac-Toe.\n";
    cout<<"Make your move known by entering a number, 0-8.\n";
    cout<<"corresponds to the desired board position, as illustrated:\n\n";

    cout<<"\t 0 | 1 | 2\n";
    cout<<"\t ---------\n";
    cout<<"\t 3 | 4 | 5\n";
    cout<<"\t ---------\n";
    cout<<"\t 6 | 7 | 8\n\n";

    cout<<"Prepare yourself, human. The battle is about to begin.\n\n";
```

```
}
char askYesNo(string question)
{
    char response;
    do
    {
        cout<<question<<" (y/n): ";
        cin>>response;
    } while(response != 'y' && response != 'n');
    return response;
}
int askNumber(string question,int high,int low = 0)
{
    int number;
    do
    {
        cout<<question<<" ("<<low<<"-"<<high<<"): ";
        cin>>number;
    } while(number>high && number<low);
    return number;
}
char humanPiece()
{
    char go_first = askYesNo("Do you require the first move? ");
    if (go_first == 'y')
    {
        cout<<"\n Then take the first move. You will need it.\n";
        return X;
    }
    else
    {
        return O;
    }
}
char opponent(char piece)
{
    if (piece == X)
    {
```

```
        return O;
    }
    else
        return X;
}
void displayBoard(const vector<char>& board)
{
    cout<<"\n\t"<<board[0] <<" | "<<board[1]<<" | "<<board[2];
    cout<<"\n\t ---------";
    cout<<"\n\t"<<board[3] <<" | "<<board[4]<<" | "<<board[5];
    cout<<"\n\t ---------";
    cout<<"\n\t"<<board[6] <<" | "<<board[7]<<" | "<<board[8];
    cout<<"\n\n";
}
char winner(const vector<char>& board)
{
    //所有可能获胜的行
    const int WINNING_ROWS[8][3]={
        {0,1,2},
        {3,4,5},
        {6,7,8},
        {0,3,6},
        {1,4,7},
        {2,5,8},
        {0,4,8},
        {2,4,6}
    };
    const int TOTAL_ROWS=8;
    //如果任何获胜的行包括相同的值(而不是 EMPTY),
    //那么就有一个获胜者
    for(int row = 0; row < TOTAL_ROWS; row++)
    {
        if ( (board[WINNING_ROWS[row][0]] != EMPTY)
            && (board[WINNING_ROWS[row][0]]
            == board[WINNING_ROWS[row][1]])
&&(board[WINNING_ROWS[row][1]]==board[WINNING_ROWS[row][2]]))
        {
```

```
            return board[WINNING_ROWS[row][0]];
        }
    }
    //因为双方都没有获胜，所以检查是否为平局(没有剩下空白的方块)
    if (count(board.begin(),board.end(),EMPTY) == 0)
    {
        return TIE;
    }
    //因为没有人获胜而且也不是平局，所以游戏还没有结束
    return NO_ONE;
}
bool isLeagal(int move,const vector<char>& board)
{
    return (board[move] == EMPTY);
}
int humanMove(const vector<char>& board,char human)
{
    int move = askNumber("Where will you move?",(board.size()-1));
    while (!isLeagal(move,board))
    {
        cout<<"\n That square is already occupied, foolish human.\n";
        move = askNumber("Where will you move?",(board.size()-1));
    }
    cout<<"Fine...\n";
    return move;
}
int computerMove( vector<char>& board,char computer)
{
    cout<<"I shall take square number ";
    int move;
    //如果计算机可以在下一次移动中获胜，则这样移动
    for(move = 0; move < board.size(); move++)
    {
        if (isLeagal(move,board)) {
            board[move] = computer;
            if (winner(board) == computer) {
                cout<< move <<endl;
                return move;
```

```
            }
            //检查完这一步，撤销它
            board[move]=EMPTY;
        }
    }
    //如果玩家可以在下一次移动中获胜，则阻止玩家走这一步
    char human = opponent(computer);
    for(move = 0; move < board.size(); move++)
    {
        if (isLeagal(move,board)) {
            board[move] = human;
            if (winner(board) == human) {
                cout<< move <<endl;
                return move;
            }
            //检查完这一步，撤销它
            board[move]=EMPTY;
        }
    }
    //按顺序选择最适合的移动
    const int BEST_MOVES[]={4,0,2,6,8,1,3,5,7};
    //因为双方都无法在下一次移动中获胜，所以选择最合适的可行方块
    for(int i = 0; i < board.size(); i++)
    {
        move = BEST_MOVES[i];
        if (isLeagal(move,board)) {
            cout<< move <<endl;
            return move;
        }
    }
}
void announceWinner(char winner,char computer,char human)
{
    if (winner == computer) {
        cout<<winner<<"'s won!\n";
        cout<<"As I predicted, human, I am triumphant once more--proof\n";
        cout<<"that computers are superior to humans in all regards.\n";
    }
```

```
        else if (winner == human) {
            cout<<winner<<"'s won!\n";
            cout<<"No, no! It cannot be! Somehow you tricked me, human.\n";
            cout<<"But never again! I, the computer, so swear it!\n";
        }
        else
        {
            cout<<"It's a tie!";
        }
    }
```

附录 C 《拯救美人鱼》程序源代码

1. HighSeasMIDlet.java

```
import javax.microedition.midlet.*;
import javax.microedition.lcdui.*;

public class HighSeasMIDlet extends MIDlet implements CommandListener {
  private HSCanvas canvas;

  public void startApp() {
    if (canvas == null) {
      canvas = new HSCanvas(Display.getDisplay(this));
      Command exitCommand = new Command("Exit", Command.EXIT, 0);
      canvas.addCommand(exitCommand);
      canvas.setCommandListener(this);
    }

    // Start up the canvas
    canvas.start();
  }

  public void pauseApp() {}

  public void destroyApp(boolean unconditional) {
    canvas.stop();
  }

  public void commandAction(Command c, Displayable s) {
    if (c.getCommandType() == Command.EXIT) {
      destroyApp(true);
      notifyDestroyed();
```

```
        }
    }
}
```

2. HSCanvas.java

```
import javax.microedition.lcdui.*;
import javax.microedition.lcdui.game.*;
import java.util.*;
import java.io.*;
import javax.microedition.media.*;
import javax.microedition.media.control.*;

public class HSCanvas extends GameCanvas implements Runnable {
    private Random           rand;
    private Display          display;
    private boolean          sleeping;
    private long             frameDelay;
    private LayerManager     layers;
    private int              xView, yView;
    private TiledLayer       waterLayer;
    private TiledLayer       landLayer;
    private int              waterDelay;
    private int[]            waterTile = { 1, 3 };
    private Image            infoBar;
    private Sprite           playerSprite;
    private DriftSprite[]    pirateSprite = new DriftSprite[2];
    private DriftSprite[]    barrelSprite = new DriftSprite[2];
    private DriftSprite[]    mineSprite = new DriftSprite[5];
    private DriftSprite[]    squidSprite = new DriftSprite[5];
    private Player           musicPlayer;
    private Player           rescuePlayer;
    private Player           minePlayer;
    private Player           gameoverPlayer;
    private boolean          gameOver;
    private int              energy, piratesSaved;

    public HSCanvas(Display d) {
        super(true);
        display = d;
```

```
    // Initialize the random number generator
    rand = new Random();

    // Set the frame rate (30 fps)
    frameDelay = 33;
  }

  public void start() {
    // Set the canvas as the current screen
    display.setCurrent(this);

    // Create the info bar image and water and land tiled layers
    try {
      infoBar = Image.createImage("/InfoBar.png");
      waterLayer = new TiledLayer(24, 24, Image.createImage("/Water.png"), 32, 32);
      landLayer = new TiledLayer(24, 24, Image.createImage("/Land.png"), 32, 32);
    }
    catch (IOException e) {
      System.err.println("Failed loading images!");
    }

    // Setup the water tiled layer map
    waterLayer.createAnimatedTile(1);
    waterLayer.createAnimatedTile(3);
int[] waterMap = {
        0, 0, 0, 0, 0, 0, 0, 0, 0, 0, 0, 0, 0, 0, 0, 0, 0, 0, 0, 0, 0, 0, 0, 0,
        0, 0, 0, 0, 0, 0, 0, 0, 0, 0, 0, 0, 0, 0, 0, 0, 0, 0, 0, 0, 0, 0, 0, 0,
        0, 0, -1, 1, -1, 1, 1, -1, -2, 1, -1, 1, 1, -1, 1, 1, -1, 1, 1, -1, 1, -2, 0, 0,
        0, 0, 1, 1, -1, 1, -1, 1, 1, -1, 1, 1, -2, 1, -1, 1, 1, -2, 1, 1, -1, 1, 0, 0,
        0, 0, -2, -1, 1, -1, 1, -2, 1, 1, -2, 1, 1, -1, 1, -2, 1, 1, -2, 1, 1, -1, 0, 0,
        0, 0, -1, 1, -1, 1, -1, 1, 1, -1, 1, 1, -1, 1, -1, 1, -1, -1, 1, 1, -1, 1, 0, 0,
        0, 0, 1, -1, 1, -1, 1, 1, -1, 1, 1, -1, 1, -2, 1, -1, 1, 1, -1, 1, 1, 1, 0, 0,
        0, 0, -1, 1, -1, 1, 1, -1, 1, 1, -1, 1, 1, -1, 1, 1, -1, 1, 1, -1, 1, -1, 0, 0,
        0, 0, 1, -1, -2, 1, 1, 1, -1, 1, 1, -2, -1, 1, 1, -2, 1, 1, -2, 1, -1, -2, 0, 0,
        0, 0, -2, 1, 1, 1, -1, -2, 1, -1, 1, -1, 1, 1, -1, 1, -1, 1, -1, 1, 1, 1, 0, 0,
        0, 0, 1, 1, 1, -1, 1, 1, -1, 1, 1, 1, -2, -1, 1, 1, 1, -1, 1, -1, 1, -1, 0, 0,
        0, 0, 1, -1, -2, 1, -1, -2, 1, -2, -1, 1, -1, 1, -1, -1, -1, 1, -1, 1, -1, 1, 0, 0,
        0, 0, -2, 1, 1, 1, 1, 1, 1, 1, -1, -1, 1, -1, 1, 1, 1, -2, 1, 1, -2, -1, 0, 0,
        0, 0, -1, 1, -1, -1, 1, -1, -2, -1, 1, 1, -2, 1, -1, 1, -1, 1, 1, -1, 1, 1, 0, 0,
```

```
        0, 0, 1, -2, 1, 1, -1, 1, 1, 1, -1, -1, 1, -1, 1, 1, 1, 1, -1, 1, 1, -1, 0, 0,
        0, 0, -1, 1, 1, -2, 1, -2, -1, 1, -1, 1, -1, 1, 1, -1, -2, 1, -1, 1, -2, 1, 0, 0,
        0, 0, -2, 1, -1, 1, -1, 1, 1, -1, 1, -1, 1, -2, -1, 1, 1, -1, 1, -1, 1, 1, 0, 0,
        0, 0, 1, 1, -1, 1, 1, -1, 1, 1, -2, 1, -1, 1, 1, 1, -1, 1, -1, 1, -1, -1, 0, 0,
        0, 0, 1, -1, 1, -2, 1, -2, -1, 1, 1, -1, 1, -1, 1, -1, 1, -1, -2, -1, 1, 1, 0, 0,
        0, 0, -1, 1, -1, 1, 1, -1, 1, -2, -1, 1, -2, -1, -2, 1, -1, -2, 1, -1, -2, 1, 0, 0,
        0, 0, 1, -1, 1, -1, 1, -1, 1, -1, 1, 1, -1, 1, -1, 1, -1, 1, -1, 1, 1, -1, 0, 0,
        0, 0, -2, -1, 1, 1, -2, 1, -1, 1, -1, -2, 1, -2, 1, -1, -2, 1, 1, -2, -1, 1, 0, 0,
        0, 0, 0, 0, 0, 0, 0, 0, 0, 0, 0, 0, 0, 0, 0, 0, 0, 0, 0, 0, 0, 0, 0, 0,
        0, 0, 0, 0, 0, 0, 0, 0, 0, 0, 0, 0, 0, 0, 0, 0, 0, 0, 0, 0, 0, 0, 0, 0
};
for (int i = 0; i < waterMap.length; i++) {
    int column = i % 24;
    int row = (i - column) / 24;
    waterLayer.setCell(column, row, waterMap[i]);
}

// Initialize the animated water delay
waterDelay = 0;

// Setup the land tiled layer map
int[] landMap = {
    1, 1, 1, 1, 1, 1, 1, 1, 1, 1, 1, 1, 1, 1, 1, 1, 1, 1, 1, 1, 1, 1, 1, 1,
    1, 1, 1, 1, 1, 1, 1, 1, 1, 1, 1, 1, 1, 1, 1, 1, 1, 1, 1, 1, 1, 1, 1, 1,
    1, 1, 32, 25, 25, 25, 25, 25, 25, 25, 25, 25, 25, 25, 25, 25, 25, 25, 25, 25, 25, 26, 1, 1,
    1, 1, 31, 0, 0, 0, 0, 0, 0, 0, 0, 0, 0, 0, 0, 0, 0, 0, 0, 0, 0, 27, 1, 1,
    1, 1, 31, 0, 0, 0, 0, 0, 0, 0, 6, 7, 0, 0, 0, 0, 0, 0, 6, 7, 0, 27, 1, 1,
    1, 1, 31, 0, 0, 0, 0, 0, 0, 0, 10, 12, 0, 0, 0, 0, 0, 6, 14, 12, 0, 27, 1, 1,
    1, 1, 31, 0, 6, 11, 11, 11, 11, 11, 14, 12, 0, 0, 0, 0, 0, 10, 16, 8, 0, 27, 1, 1,
    1, 1, 31, 0, 10, 16, 9, 9, 9, 9, 9, 8, 0, 0, 0, 0, 0, 5, 8, 0, 0, 27, 1, 1,
    1, 1, 31, 0, 10, 12, 0, 0, 0, 0, 0, 0, 0, 0, 0, 0, 0, 0, 0, 0, 0, 27, 1, 1,
    1, 1, 31, 0, 10, 15, 7, 0, 0, 6, 11, 7, 0, 0, 0, 0, 0, 0, 0, 0, 0, 27, 1, 1,
    1, 1, 31, 0, 10, 16, 8, 0, 6, 14, 16, 8, 0, 0, 0, 0, 0, 0, 0, 0, 0, 27, 1, 1,
    1, 1, 31, 0, 10, 12, 0, 0, 10, 1, 12, 0, 0, 0, 0, 6, 11, 11, 7, 0, 0, 27, 1, 1,
    1, 1, 31, 0, 10, 15, 11, 11, 14, 16, 8, 0, 0, 0, 0, 10, 1, 1, 12, 0, 0, 27, 1, 1,
    1, 1, 31, 0, 5, 9, 9, 9, 9, 8, 0, 0, 0, 0, 0, 10, 1, 1, 12, 0, 0, 27, 1, 1,
    1, 1, 31, 0, 0, 0, 0, 0, 0, 0, 0, 0, 0, 0, 0, 5, 9, 9, 8, 0, 0, 27, 1, 1,
    1, 1, 31, 0, 17, 18, 0, 0, 0, 0, 0, 0, 0, 0, 0, 0, 0, 0, 0, 0, 0, 27, 1, 1,
    1, 1, 31, 0, 19, 20, 17, 18, 0, 0, 0, 0, 0, 0, 0, 0, 0, 0, 6, 7, 0, 27, 1, 1,
```

```
        1, 1, 31, 0, 0, 0, 19, 20, 0, 17, 18, 0, 0, 0, 6, 11, 7, 0, 5, 8, 0, 27, 1, 1,
        1, 1, 31, 0, 17, 18, 0, 0, 0, 19, 20, 0, 0, 0, 10, 1, 12, 0, 0, 0, 0, 27, 1, 1,
        1, 1, 31, 0, 19, 20, 0, 17, 18, 0, 17, 18, 0, 0, 5, 9, 8, 0, 0, 0, 0, 27, 1, 1,
        1, 1, 31, 0, 0, 0, 0, 19, 20, 0, 19, 20, 0, 0, 0, 0, 0, 0, 0, 0, 0, 27, 1, 1,
        1, 1, 30, 29, 29, 29, 29, 29, 29, 29, 29, 29, 29, 29, 29, 29, 29, 29, 29, 29, 29, 28, 1, 1,
        1, 1, 1, 1, 1, 1, 1, 1, 1, 1, 1, 1, 1, 1, 1, 1, 1, 1, 1, 1, 1, 1, 1, 1,
        1, 1, 1, 1, 1, 1, 1, 1, 1, 1, 1, 1, 1, 1, 1, 1, 1, 1, 1, 1, 1, 1, 1, 1
    };
    for (int i = 0; i < landMap.length; i++) {
      int column = i % 24;
      int row = (i - column) / 24;
      landLayer.setCell(column, row, landMap[i]);
    }

    // Initialize the sprites
    try {
      playerSprite = new Sprite(Image.createImage("/PlayerShip.png"), 43, 45);

      int sequence2[] = { 0, 0, 0, 1, 1, 1 };
      int sequence4[] = { 0, 0, 1, 1, 2, 2, 3, 3 };
      for (int i = 0; i < 2; i++) {
        pirateSprite[i] = new DriftSprite(Image.createImage("/Pirate.png"), 29, 29, 2,
landLayer);
        pirateSprite[i].setFrameSequence(sequence2);
        placeSprite(pirateSprite[i], landLayer);

        barrelSprite[i] = new DriftSprite(Image.createImage("/Barrel.png"), 24, 22, 1,
landLayer);
        barrelSprite[i].setFrameSequence(sequence4);
        placeSprite(barrelSprite[i], landLayer);
      }

      for (int i = 0; i < 5; i++) {
        mineSprite[i] = new DriftSprite(Image.createImage("/Mine.png"), 27, 23, 1,
landLayer);
        mineSprite[i].setFrameSequence(sequence2);
        placeSprite(mineSprite[i], landLayer);

        squidSprite[i] = new DriftSprite(Image.createImage("/Squid.png"), 24, 35, 3,
```

```
landLayer);
            squidSprite[i].setFrameSequence(sequence2);
            placeSprite(squidSprite[i], landLayer);
        }
    }
    catch (IOException e) {
        System.err.println("Failed loading images!");
    }

    // Create the layer manager
    layers = new LayerManager();
    layers.append(playerSprite);
    for (int i = 0; i < 2; i++) {
        layers.append(pirateSprite[i]);
        layers.append(barrelSprite[i]);
    }
    for (int i = 0; i < 5; i++) {
        layers.append(mineSprite[i]);
        layers.append(squidSprite[i]);
    }
    layers.append(landLayer);
    layers.append(waterLayer);

    // Initialize the music and wave players
    try {
        InputStream is = getClass().getResourceAsStream("Music.mid");
        musicPlayer = Manager.createPlayer(is, "audio/midi");
        musicPlayer.prefetch();
        musicPlayer.setLoopCount(-1);
        is = getClass().getResourceAsStream("Rescue.wav");
        rescuePlayer = Manager.createPlayer(is, "audio/X-wav");
        rescuePlayer.prefetch();
        is = getClass().getResourceAsStream("Mine.wav");
        minePlayer = Manager.createPlayer(is, "audio/X-wav");
        minePlayer.prefetch();
        is = getClass().getResourceAsStream("GameOver.wav");
        gameoverPlayer = Manager.createPlayer(is, "audio/X-wav");
        gameoverPlayer.prefetch();
    }
```

```
    catch (IOException ioe) {
    }
    catch (MediaException me) {
    }

    // Start a new game
    newGame();

    // Start the animation thread
    sleeping = false;
    Thread t = new Thread(this);
    t.start();
  }

  public void stop() {
    // Close the music and wave players
    musicPlayer.close();
    rescuePlayer.close();
    minePlayer.close();
    gameoverPlayer.close();

    // Stop the animation
    sleeping = true;
  }

  public void run() {
    Graphics g = getGraphics();

    // The main game loop
    while (!sleeping) {
      update();
      draw(g);
      try {
        Thread.sleep(frameDelay);
      }
      catch (InterruptedException ie) {}
    }
  }
```

```
private void update() {
  // Check to see whether the game is being restarted
  if (gameOver) {
    int keyState = getKeyStates();
    if ((keyState & FIRE_PRESSED) != 0)
      // Start a new game
      newGame();

    // The game is over, so don't update anything
    return;
  }

  // Process user input to move the water layer and animate the player
  int keyState = getKeyStates();
  int xMove = 0, yMove = 0;
  if ((keyState & LEFT_PRESSED) != 0) {
    xMove = -4;
    playerSprite.setFrame(3);
  }
  else if ((keyState & RIGHT_PRESSED) != 0) {
    xMove = 4;
    playerSprite.setFrame(1);
  }
  if ((keyState & UP_PRESSED) != 0) {
    yMove = -4;
    playerSprite.setFrame(0);
  }
  else if ((keyState & DOWN_PRESSED) != 0) {
    yMove = 4;
    playerSprite.setFrame(2);
  }
  if (xMove != 0 || yMove != 0) {
    layers.setViewWindow(xView + xMove, yView + yMove, getWidth(),
      getHeight() - infoBar.getHeight());
    playerSprite.move(xMove, yMove);
  }

  // Check for a collision with the player and the land tiled layer
  if (playerSprite.collidesWith(landLayer, true)) {
```

```
    // Restore the original view window and player sprite positions
    layers.setViewWindow(xView, yView, getWidth(),
      getHeight() - infoBar.getHeight());
    playerSprite.move(-xMove, -yMove);
  }
  else {
    // If there is no collision, commit the changes to the view window position
    xView += xMove;
    yView += yMove;
  }

  for (int i = 0; i < 2; i++) {
    // Update the pirate and barrel sprites
    pirateSprite[i].update();
    barrelSprite[i].update();

    // Check for a collision with the player and the pirate sprite
    if (playerSprite.collidesWith(pirateSprite[i], true)) {
      // Play a wave sound for rescuing a pirate
      try {
        rescuePlayer.start();
      }
      catch (MediaException me) {
      }

      // Increase the number of pirates saved
      piratesSaved++;

      // Randomly place the pirate in a new location
      placeSprite(pirateSprite[i], landLayer);
    }

    // Check for a collision with the player and the barrel sprite
    if (playerSprite.collidesWith(barrelSprite[i], true)) {
      // Play a tone sound for gaining energy from a barrel
      try {
        Manager.playTone(ToneControl.C4 + 12, 250, 100);
      }
      catch (MediaException me) {
```

```
        }

        // Increase the player's energy
        energy = Math.min(energy + 5, 45);

        // Randomly place the barrel in a new location
        placeSprite(barrelSprite[i], landLayer);
      }
    }

    for (int i = 0; i < 5; i++) {
      // Update the mine and squid sprites
      mineSprite[i].update();
      squidSprite[i].update();

      // Check for a collision with the player and the mine sprite
      if (playerSprite.collidesWith(mineSprite[i], true)) {
        // Play a wave sound for hitting a mine
        try {
          minePlayer.start();
        }
        catch (MediaException me) {
        }

        // Decrease the player's energy
        energy -= 10;

        // Randomly place the mine in a new location
        placeSprite(mineSprite[i], landLayer);
      }

      // Check for a collision with the player and the squid sprite
      if (playerSprite.collidesWith(squidSprite[i], true)) {
        // Play a tone sound for hitting a squid
        try {
          Manager.playTone(ToneControl.C4, 250, 100);
        }
        catch (MediaException me) {
        }
```

```
        // Decrease the player's energy
        energy -= 5;
      }
    }

    // Check for a game over
    if (energy <= 0) {
      // Stop the music
      try {
        musicPlayer.stop();
      }
      catch (MediaException me) {
      }

      // Play a wave sound for the player ship sinking
      try {
        gameoverPlayer.start();
      }
      catch (MediaException me) {
      }

      // Hide the player ship sprite
      playerSprite.setVisible(false);

      gameOver = true;
    }

    // Update the animated water tiles
    if (++waterDelay > 3) {
      if (++waterTile[0] > 3)
        waterTile[0] = 1;
      waterLayer.setAnimatedTile(-1, waterTile[0]);
      if (--waterTile[1] < 1)
        waterTile[1] = 3;
      waterLayer.setAnimatedTile(-2, waterTile[1]);
      waterDelay = 0;
    }
  }
```

```
private void draw(Graphics g) {
    // Draw the info bar with energy and pirate's saved
    g.drawImage(infoBar, 0, 0, Graphics.TOP | Graphics.LEFT);
    g.setColor(0, 0, 0); // black
    g.setFont(Font.getFont(Font.FACE_SYSTEM,    Font.STYLE_PLAIN,    Font.SIZE_
MEDIUM));
    g.drawString("Energy:", 2, 1, Graphics.TOP | Graphics.LEFT);
    g.drawString("Pirates saved: " + piratesSaved, 88, 1, Graphics.TOP | Graphics.LEFT);
    g.setColor(32, 32, 255); // blue
    g.fillRect(40, 3, energy, 12);

    // Draw the layers
    layers.paint(g, 0, infoBar.getHeight());

    if (gameOver) {
      // Draw the game over message and score
      g.setColor(255, 255, 255); // white
      g.setFont(Font.getFont(Font.FACE_SYSTEM,    Font.STYLE_BOLD,    Font.SIZE_
LARGE));
      g.drawString("GAME OVER", 90, 40, Graphics.TOP | Graphics.HCENTER);
      g.setFont(Font.getFont(Font.FACE_SYSTEM,    Font.STYLE_BOLD,    Font.SIZE_
MEDIUM));
      if (piratesSaved == 0)
        g.drawString("You    didn't    save    any    pirates.",    90,    70,    Graphics.TOP    |
Graphics.HCENTER);
      else if (piratesSaved == 1)
        g.drawString("You    saved    only    1    pirate.",    90,    70,    Graphics.TOP    |
Graphics.HCENTER);
      else
        g.drawString("You saved " + piratesSaved + " pirates.", 90, 70, Graphics.TOP |
          Graphics.HCENTER);
    }

    // Flush the offscreen graphics buffer
    flushGraphics();
  }

  private void newGame() {
```

```
    // Initialize the game variables
    gameOver = false;
    energy = 45;
    piratesSaved = 0;

    // Show the player ship sprite
    playerSprite.setVisible(true);

    // Randomly place the player and adjust the view window
    placeSprite(playerSprite, landLayer);
    xView = playerSprite.getX() - ((getWidth() - playerSprite.getWidth()) / 2);
    yView = playerSprite.getY() - ((getHeight() - playerSprite.getHeight()) / 2);
    layers.setViewWindow(xView, yView, getWidth(), getHeight() - infoBar.getHeight());

    // Start the music (at the beginning)
    try {
      musicPlayer.setMediaTime(0);
      musicPlayer.start();
    }
    catch (MediaException me) {
    }
  }

  private void placeSprite(Sprite sprite, TiledLayer barrier) {
    // Initially try a random position
    sprite.setPosition(Math.abs(rand.nextInt() % barrier.getWidth()) -
      sprite.getWidth(), Math.abs(rand.nextInt() % barrier.getHeight()) -
      sprite.getHeight());

    // Reposition until there isn't a collision
    while (sprite.collidesWith(barrier, true)) {
      sprite.setPosition(Math.abs(rand.nextInt() % barrier.getWidth()) -
        sprite.getWidth(), Math.abs(rand.nextInt() % barrier.getHeight()) -
        sprite.getHeight());
    }
  }
}
```

3. DriftSprite.java

```
import javax.microedition.lcdui.*;
import javax.microedition.lcdui.game.*;
import java.util.*;

public class DriftSprite extends Sprite {
  private Random       rand;
  private int          speed;
  private TiledLayer barrier;

  public DriftSprite(Image image, int frameWidth, int frameHeight, int driftSpeed,
    TiledLayer barrierLayer) {
    super(image, frameWidth, frameHeight);

    // Initialize the random number generator
    rand = new Random();

    // Set the speed
    speed = driftSpeed;

    // Set the tiled layer barrier
    barrier = barrierLayer;
  }

  public void update() {
    // Temporarily save the position
    int xPos = getX();
    int yPos = getY();

    // Randomly move the sprite to simulate drift
    switch (Math.abs(rand.nextInt() % 4)) {
    // Drift left
    case 0:
      move(-speed, 0);
      break;
    // Drift right
    case 1:
      move(speed, 0);
      break;
```

```
        // Drift up
        case 2:
          move(0, -speed);
          break;
        // Drift down
        case 3:
          move(0, speed);
          break;
        }

        // Check for a collision with the barrier
        if ((barrier != null) && collidesWith(barrier, true)) {
          // Move the sprite back to its original position
          setPosition(xPos, yPos);
        }

        // Move to the next animation frame in the sequence
        nextFrame();
      }
    }
```

附录 D　游戏常用专业术语表

A

ACT：Action Games，动作类游戏。

AI：Artificial Intelligence，人工智能。

ANN：Artificial Neural Network，人工神经网络。

AVG：Adventure Games，冒险类游戏。

B

Bump mapping：凹凸贴图，是 3D 模拟物体粗糙表面的技术，将带有深度变化的凹凸材质贴图赋予 3D 物体，经过光线渲染处理后，这个物体的表面就会呈现出凹凸不平的感觉，而无需改变物体的几何结构或增加额外的点面。

BUG：在电脑系统或程序中隐藏的一些未被发现的缺陷和问题。

F

FPS：First Person Shooting，第一人称射击游戏。

法线：法线方向是图学中的术语。曲面上某一点的法线指的是经过这一点并且与曲面垂直的那条直线。对于立体表面而言，它是有正负的规定的：一般来说，由立体的内部指向外部的是正向，反过来的是负向。

法线贴图：法线贴图是可以应用到 3D 表面的特殊纹理，它包括了每个像素的高度值，内含许多细节的表面信息，可以生成精确的光照方向和反射。

G

GA：Generic Algorithm，遗传算法。

光线追踪：光线追踪材质能很好地模拟真实世界中物体的质感，如玻璃、金属等，能够提供逼真的反射和折射。

H

HDR：High-Dynamic Range，高动态光照渲染。HDR 是一种新的模型，将画面中的每个像素色彩和亮度值用实际物理参数或是线性函数来表示。可以更好地表达出色彩的深度和颜色，让黑暗中的细节部分表现得更为清晰，光影部分表现出不规则的明亮。使用 HDR 技术可以令 3D 画面更逼真，就像人的眼睛在游戏现场中的视线效果，大幅提升游戏的真实感。

J

界面：呈现在用户面前的显示设备上的图形状态。和窗口、对话框、消息框的概念不同。是人与计算机进行交互的操作方式，即用户与计算机相互传递信息的媒介，其中包括信息的输入输出。

N

NPC：Non Player Character，非玩家控制角色。这个概念最早起源于单机版游戏，逐渐延伸到整个游戏领域。举个最简单的例子，做任务时需要对话的人物就属于NPC。

O

OOP：Object Oriented Programming，面向对象编程。

P

PS2：PlayStation2，日本索尼公司于2000年3月4日推出的家用型128位游戏主机。

R

RPG：Role Playing Games，角色扮演类游戏。

S

SIM：Simulation Games，模拟类游戏。

SLG：Strategy Games，策略类游戏。

SM3.0：Shader Model 3.0。SM3.0技术是DirectX 9.0c全面支持的一项特效，它可以支持无限长的Shader程序，此外还加入很多控制对语句，可以让游戏有更大的编程空间，以获得更优秀的效率和画质，这样程序员就可以更好地利用指令为图像进行着色和特效渲染。SM3.0在很大程度上丰富了游戏研发时的编程模型，方便游戏开发商更简单地做出效果更好的游戏。

SPT：Sports Games，运动类游戏。

U

UV：UV 通常是 UVW坐标轴的简称。U 相当于世界坐标轴的X轴，V相当于Y轴，W相当于Z轴。

W

无缝连接：在配乐和声效制作中都会用到的编辑技术，常通过音频编辑软件来实现。在配乐中多用于循环配乐，即音乐片段重复播放时，为保证玩家听不出衔接部分，会在音乐片段首尾做淡入淡出处理，或在创作时就注意首尾旋律的衔接性。在声效制作中，无缝连接技术多用于复杂的混合声效(或称合成声效)。

X

Xbox：微软开发的家用游戏主机。

Y

原型：把系统主要功能和接口通过快速开发制作为“软件样机”，以可视化的形式展现给用户，及时征求用户意见，从而明确无误地确定用户需求，该软件样机就叫做原型。同时，原型也可用于征求内部意见，作为分析和设计的接口之一，可方便于沟通。原型的主要价值是可视化、强化沟通、降低风险、节省后期变更成本、提高项目成功率。

Z

置换贴图：一种制造凹凸细节的技术，它使用一个高度贴图制造出几何物体表面上点的位置被替换到另一位置的效果。这种效果通常是让点的位置沿面法线移动一个贴图中定义的距离。它使得贴图具备了表现细节和深度的能力，且可以同时允许自我遮盖、自我投影和呈现边缘轮廓。它是真正通过贴图的方式制造出凹凸的表面，必须要配合细分算法，增加渲染的多边形数目来制造出细节的效果。

参 考 文 献

[1] 王茂森. 电脑游戏宝典[M]. 山东：山东科学技术出版社，1998
[2] Chambers M L，SmithR. 计算机游戏宝典[M]. 北京：电子工业出版社，2001
[3] 宋悦. 经典游戏攻略精解[M]. 北京：国防工业出版社，2001
[4] 江丛坤，高洋，吴涛. 电脑游戏[M]. 北京：东方出版社，1997
[5] Chris Crawford. 游戏设计理论[M]. 李明，英宇，译. 北京：科学出版社，2004
[6] 荣钦科技. 游戏设计概论[M]. 北京：北京科海电子出版社，2003
[7] Roger E，Pedersen. Game Design Fundations[M]. Plano, TX：Wordware Publishing，2003
[8] Andrew Rollings，Ernest Adams. Andrew Rollings and Ernest Adams on Game Design[M]. Indianapolis，IN：New Riders Publishing，2003
[9] http: //abika.com/
[10] 杨德仁，顾君忠. 网络游戏体系结构的研究与应用综述[J]. 计算机应用与软件，2007，24(3)：113-116
[11] 叶展，叶丁. 游戏的设计与开发[M]. 北京：人民交通出版社，2003
[12] 刘喜洋. 3ds max 材质与贴图的艺术[M]. 北京：中国电力出版社，2004
[13] http: //www.arting365.com/
[14] http: //www.hxsd.com.cn/
[15] http: //www.uecg.net/
[16] http: //www.cgmodel.cn/
[17] 向海涛. 视觉表述[M]. 重庆：西南师范大学出版社，2006
[18] 罗仕鉴，朱上上，孙守迁. 人机界面设计[M]. 北京：机械工业出版社，2002
[19] 江辉. 动画场景设计[M]. 成都：四川美术出版社，2006
[20] 曹金明，刘军. 动画场景设计[M]. 北京：科学出版社，2006
[21] 李铁，张海力. 动画场景设计[M]. 北京：清华大学出版社，2006
[22] Mason McCuskey，朱庆生. 游戏音效编程[M]. 重庆：重庆大学出版社，2005
[23] http: //dev.gameres.com/music/Moongate/soundfx.htm
[24] http: //www.chinaitpower.com/A200507/2005-07-27/173437.html
[25] 耿卫东. 计算机游戏程序设计[M]. 北京：电子工业出版社，2005
[26] Richard Rouse Ⅲ. 游戏设计：原理与实践[M]. 尤晓东，等，译. 北京：电子工业出版社，2003
[27] Michael Dawson. C++游戏编程入门[M]. 徐刚，等，译. 北京：人民邮电出版社，2006
[28] http: //games.sina.com.cn/j/c/2005-08-30/2707.shtml
[29] http: //www.wgwow.com.cn/Article/ziliao/200705/10.html
[30] 方约翰. 游戏人工智能[M]. 北京：北京邮电大学出版社，2007
[31] Frank D，Luna. DirectX 9.0 3D 游戏开发编程基础[M]. 北京：清华大学出版社，2007

[32] Mat Buckland. 游戏编程中的人工智能技术[M]. 北京：清华大学出版社，2006
[33] 多尔曼. 游戏核心算法内幕[M]. 北京：中国环境科学出版社，2004
[34] http: //games.sina.com.cn/mobilegames/2004/05/052121865.shtml
[35] Neal Hallford，Jana Hallford. 剑与电：角色扮演游戏设计艺术[M]. 北京：清华大学出版社，2006
[36] 刘劲松，黄国兴. 游戏软件设计概论[M]. 北京：高等教育出版社，2006
[37] Michael Morrison. 游戏编程入门[M]. 北京：人民邮电出版社，2005
[38] http: //www.cnii.com.cn/20070108/ca398794.htm
[39] http: //game.china.com/zh_cn/tvgame/psnews/11039420/20070903/14316511.html
[40] Michael Morrison. J2ME 手机游戏编程入门[M]. 北京：人民邮电出版社，2006
[41] 陈洪，任科，李华杰. 游戏专业概论[M]. 北京：兵器工业出版社，2007

软件工程(第二版)(邓良松)	22.00
软件技术基础(高职)(鲍有文)	23.00
软件技术基础(周大为)	30.00
嵌入式软件开发(高职)(张京)	23.00

~~~计算机辅助技术及图形处理类~~~

电子工程制图 (第二版) (高职) (童幸生)	40.00
电子工程制图(含习题集) (高职) (郑芙蓉)	35.00
机械制图与计算机绘图 (含习题集) (高职)	40.00
电子线路 CAD 实用教程 (潘永雄) (第三版)	27.00
AutoCAD 实用教程(高职)(丁爱萍)	24.00
中文版 AutoCAD 2008 精编基础教程(高职)	22.00
电子CAD(Protel 99 SE)实训指导书(高职)	12.00
计算机辅助电路设计Protel 2004(高职)	24.00
EDA 技术及应用(第二版)(谭会生)	27.00
数字电路 EDA 设计(高职)(顾斌)	19.00
多媒体软件开发(高职)(含盘)(牟奇春)	35.00
多媒体技术基础与应用(曾广雄) (高职)	20.00
三维动画案例教程(含光盘)(高职)	25.00
图形图像处理案例教程(含光盘) (中职)	23.00
平面设计(高职)(李卓玲)	32.00

~~~~~~~操 作 系 统 类~~~~~~~

计算机操作系统(第二版)(颜彬)(高职)	19.00
计算机操作系统(修订版)(汤子瀛)	24.00
计算机操作系统(第三版)(汤小丹)	30.00
计算机操作系统原理——Linux实例分析	25.00
Linux 网络操作系统应用教程(高职) (王和平)	25.00
Linux 操作系统实用教程(高职)(梁广民)	20.00

~~~~~~微 机 与 控 制 类 ~~~~~~

微机接口技术及其应用(李育贤)	19.00
单片机原理与应用实例教程(高职)(李珍)	15.00
单片机原理与应用技术(黄惟公)	22.00
单片机原理与程序设计实验教程(于殿泓)	18.00
单片机实验与实训指导(高职)(王曙霞)	19.00
单片机原理及接口技术(第二版)(余锡存)	19.00
新编单片机原理与应用(第二版)(潘永雄)	24.00
MCS-51单片机原理及嵌入式系统应用	26.00
微机外围设备的使用与维护 (高职) (王伟)	19.00
微机装配调试与维护教程(王忠民)	25.00
《微机装配调试与维护教程》实训指导	22.00

~~~~~数据库及计算机语言类~~~~~

C程序设计与实例教程(曾令明)	21.00
程序设计与C语言(第二版)(马鸣远)	32.00
C语言程序设计课程与考试辅导(王晓丹)	25.00
Visual Basic.NET程序设计(高职)(马宏锋)	24.00
Visual C#.NET程序设计基础(高职)(曾文权)	39.00
Visual FoxPro数据库程序设计教程(康贤)	24.00
数据库基础与Visual FoxPro9.0程序设计	31.00
Oracle数据库实用技术(高职)(费雅洁)	26.00
Delphi程序设计实训教程(高职)(占跃华)	24.00
SQL Server 2000应用基础与实训教程(高职)	22.00
Visual C++基础教程(郭文平)	29.00
面向对象程序设计与VC++实践(揣锦华)	22.00
面向对象程序设计与C++语言(第二版)	18.00
面向对象程序设计——JAVA(第二版)	32.00
Java 程序设计教程(曾令明)	23.00
JavaWeb 程序设计基础教程(高职) (李绪成)	25.00
Access 数据库应用技术(高职) (王趾成)	21.00
ASP.NET 程序设计与开发(高职)(眭碧霞)	23.00
XML 案例教程(高职)(眭碧霞)	24.00
JSP 程序设计实用案例教程(高职)(翁健红)	22.00
Web 应用开发技术：JSP(含光盘)	33.00

~~~~电子、电气工程及自动化类~~~~

电路(高赟)	26.00
电路分析基础(第三版)(张永瑞)	28.00
电路基础(高职)(孔凡东)	13.00
电子技术基础(中职)(蔡宪承)	24.00
模拟电子技术(高职)(郑学峰)	23.00
模拟电子技术(高职)(张凌云)	17.00
数字电子技术(高职)(江力)	22.00
数字电子技术(高职)(肖志锋)	13.00
数字电子技术(高职)(蒋卓勤)	15.00
数字电子技术及应用(高职)(张双琦)	21.00
高频电子技术(高职)(钟苏)	21.00
现代电子装联工艺基础(余国兴)	20.00
微电子制造工艺技术(高职)(肖国玲)	18.00
~~~~

书名	定价
Multisim电子电路仿真教程(高职)	22.00
电工基础(中职)(薛鉴章)	18.00
电工基础(高职)(郭宗智)	19.00
电子技能实训及制作(中职)(徐伟刚)	15.00
电工技能训练(中职)(林家祥)	24.00
电工技能实训基础(高职)(张仁醒)	14.00
电子测量技术(秦云)	30.00
电子测量技术(李希文)	28.00
电子测量仪器(高职)(吴生有)	14.00
模式识别原理与应用(李弼程)	25.00
信号与系统(第三版)(陈生潭)	44.00
信号与系统实验(MATLAB)(党宏社)	14.00
信号与系统分析(和卫星)	33.00
数字信号处理实验(MATLAB版)	26.00
DSP原理与应用实验(姜阳)	18.00
电气工程导论(贾文超)	18.00
电力系统的MATLAB/SIMULINK仿真及应用	29.00
传感器应用技术(高职)(王煜东)	27.00
传感器原理及应用(郭爱芳)	24.00
测试技术与传感器(罗志增)	19.00
传感器与信号调理技术(李希文)	29.00
传感器技术(杨帆)	27.00
传感器及实用检测技术(高职)(程军)	23.00
电子系统集成设计导论(李玉山)	33.00
现代能源与发电技术(邢运民)	28.00
神经网络(含光盘)(侯媛彬)	26.00
电磁场与电磁波(曹祥玉)	22.00
电磁波——传输·辐射·传播 (王一平)	26.00
电磁兼容原理与技术(何宏)	22.00
微波与卫星通信(李白萍)	15.00
微波技术及应用(张瑜)	20.00
嵌入式实时操作系统μC/OS-II教程(吴永忠)	28.00
音响技术(高职)(梁长垠)	25.00
现代音响与调音技术 (第二版) (王兴亮)	21.00

~~~~~~通信理论与技术类~~~~~~

书名	定价
专用集成电路设计基础教程(来新泉)	20.00
现代编码技术(曾凡鑫)	29.00
信息论、编码与密码学(田丽华)	36.00
信息论与编码(邓家先)	18.00
密码学基础(范九伦)	16.00
通信原理(高职)(丁龙刚)	14.00
通信原理(黄葆华)	25.00
通信电路(第二版)(沈伟慈)	21.00
通信系统原理教程(王兴亮)	31.00
通信系统与测量(梁俊)	34.00
扩频通信技术及应用(韦惠民)	26.00
通信线路工程(高职)	30.00
通信工程制图与概预算(高职)(杨光)	23.00
程控数字交换技术(刘振霞)	24.00
光纤通信技术与设备(高职)(杜庆波)	23.00
光纤通信技术(高职)(田国栋)	21.00
现代通信网概论(高职)(强世锦)	23.00
电信网络分析与设计(阳莉)	17.00

~~~~~仪器仪表及自动化类~~~~~

书名	定价
现代测控技术 (吕辉)	20.00
现代测试技术(何广军)	22.00
光学设计(刘钧)	22.00
工程光学(韩军)	36.00
测试技术基础 (李孟源)	15.00
测试系统技术(郭军)	14.00
电气控制技术(史军刚)	18.00
可编程序控制器应用技术(张发玉)	22.00
图像检测与处理技术(于殿泓)	18.00
自动检测技术(何金田)	26.00
自动显示技术与仪表(何金田)	26.00
电气控制基础与可编程控制器应用教程	24.00
DSP 在现代测控技术中的应用(陈晓龙)	28.00
智能仪器工程设计(尚振东)	25.00
面向对象的测控系统软件设计(孟建军)	33.00
计量技术基础(李孟源)	14.00

~~~~~~自动控制、机械类~~~~~~

书名	定价
自动控制理论(吴晓燕)	34.00
自动控制原理(李素玲)	30.00
自动控制原理(第二版)(薛安克)	24.00
自动控制原理及其应用(高职)(温希东)	15.00
控制工程基础(王建平)	23.00
~~~~~~

书名	定价
现代控制理论基础(舒欣梅)	14.00
过程控制系统及工程(杨为民)	25.00
控制系统仿真(党宏社)	21.00
模糊控制技术(席爱民)	24.00
工程电动力学(修订版)(王一平)(研究生)	32.00
工程力学(张光伟)	21.00
工程力学(皮智谋)(高职)	12.00
理论力学(张功学)	26.00
材料力学(张功学)	27.00
材料成型工艺基础(刘建华)	25.00
工程材料及应用(汪传生)	31.00
工程材料与应用(戈晓岚)	19.00
工程实践训练(周桂莲)	16.00
工程实践训练基础(周桂莲)	18.00
工程制图(含习题集)(高职)(白福民)	33.00
工程制图(含习题集)(周明贵)	36.00
工程图学简明教程(含习题集)(尉朝闻)	28.00
现代设计方法(李思益)	21.00
液压与气压传动(刘军营)	34.00
先进制造技术(高职)(孙燕华)	16.00
机械原理多媒体教学系统(资料)(书配盘)	120.00
机械工程科技英语(程安宁)	15.00
机械设计基础(郑甲红)	27.00
机械设计基础(岳大鑫)	33.00
机械设计(王宁侠)	36.00
机械设计基础(张京辉)(高职)	24.00
机械基础(安美玲)(高职)	20.00
机械 CAD/CAM(葛友华)	20.00
机械 CAD/CAM(欧长劲)	21.00
机械 CAD/CAM 上机指导及练习教程(欧)	20.00
画法几何与机械制图(叶琳)	35.00
《画法几何与机械制图》习题集(邱龙辉)	22.00
机械制图(含习题集)(高职)(孙建东)	29.00
机械设备制造技术(高职)(柳青松)	33.00
机械制造基础(高职)(郑广花)	21.00
数控加工与编程(第二版)(高职)(詹华西)	23.00
数控加工工艺学(任同)	29.00
数控加工工艺(高职)(赵长旭)	24.00
数控加工工艺课程设计指导书(赵长旭)	12.00
数控加工编程与操作(高职)(刘虹)	15.00
数控机床与编程(高职)(饶军)	24.00
数控机床电气控制(高职)(姚勇刚)	21.00
数控应用专业英语(高职)(黄海)	17.00
机床电器与 PLC(高职)(李伟)	14.00
电机及拖动基础(高职)(孟宪芳)	17.00
电机与电气控制(高职)(冉文)	23.00
电机原理与维修(高职)(解建军)	20.00
供配电技术(高职)(杨洋)	25.00
金属切削与机床(高职)(聂建武)	22.00
模具制造技术(高职)(刘航)	24.00
模具设计(高职)(曾霞文)	18.00
冷冲压模具设计(高职)(刘庚武)	21.00
塑料成型模具设计(高职)(单小根)	37.00
液压传动技术(高职)(简引霞)	23.00
发动机构造与维修(高职)(王正键)	29.00
机动车辆保险与理赔实务(高职)	23.00
汽车典型电控系统结构与维修(李美娟)	31.00
汽车机械基础(高职)(娄万军)	29.00
汽车底盘结构与维修(高职)(张红伟)	28.00
汽车车身电气设备系统及附属电气设备(高职)	23.00
汽车单片机与车载网络技术(于万海)	20.00
汽车故障诊断技术(高职)(王秀贞)	19.00
汽车营销技术(高职)(孙华宪)	15.00
汽车使用性能与检测技术(高职)(郭彬)	22.00
汽车电工电子技术(高职)(黄建华)	22.00
汽车电气设备与维修(高职)(李春明)	25.00
汽车使用与技术管理(高职)(边伟)	25.00
汽车空调(高职)(李祥峰)	16.00
汽车概论(高职)(邓书涛)	20.00
现代汽车典型电控系统结构原理与故障诊断	25.00

欢迎来函索取本社书目和教材介绍！ 通信地址：西安市太白南路 2 号 西安电子科技大学出版社发行部
邮政编码：710071 邮购业务电话：(029)88201467 传真电话：(029)88213675。